油气储运工程师技术岗位资质认证丛书

电气工程师

中国石油天然气股份有限公司管道分公司 编

石油工业出版社

内 容 提 要

本书系统介绍了油气储运电气工程师所应掌握的专业基础知识、管理内容及相关知识，并分三个层级给出相应的测试试题。其中，第一部分专业基础知识重点介绍了电气专业基本概念与一般要求、变电所管理、电气设备预防性试验基础知识；第二部分技术管理及相关知识重点介绍了电气安全管理、电气设备运行与维护检修管理、电气设备预防性试验管理以及防雷防静电管理；第三部分为试题集，是评估相关从业人员岗位胜任能力的标准。

本书适用于油气储运电气工程师技术岗位和相关管理岗位人员阅读，可作为业务指导及资质认证培训、考核用书。

图书在版编目(CIP)数据

电气工程师/中国石油天然气股份有限公司管道分公司编. —北京：石油工业出版社，2018.1
（油气储运工程师技术岗位资质认证丛书）
ISBN 978-7-5183-2134-6

Ⅰ.①电… Ⅱ.①中… Ⅲ.①石油与天然气储运-电气工程-资格考试-自学参考资料 Ⅳ.①TE978

中国版本图书馆 CIP 数据核字(2017)第 230916 号

出版发行：石油工业出版社
（北京安定门外安华里2区1号 100011）
网　　址：www.petropub.com
编辑部：(010)64523583　图书营销中心：(010)64523633
经　　销：全国新华书店
印　　刷：北京中石油彩色印刷有限责任公司

2018年1月第1版　2018年1月第1次印刷
787×1092毫米　开本：1/16　印张：10.75
字数：260千字

定价：50.00元
（如出现印装质量问题，我社图书营销中心负责调换）
版权所有，翻印必究

《油气储运工程师技术岗位资质认证丛书》编委会

主　任：潘殿军
副主任：袁振中　南立团　张　利
成　员：罗志立　董红军　梁宏杰　刘志刚　冯庆善　伍　焱
　　　　赵丑民　关　东　徐　强　孙兴祥　李福田　孙晓滨
　　　　王志广　孙　鸿　李青春　初宝军　杨建新　安绍旺
　　　　于　清　程德发　佟文强　吴志宏

办公室

主　任：孙　鸿
副主任：吴志宏
成　员：杨雪梅　朱成林　张宏涛　孟令新　李　楠　井丽磊

《电气工程师》编写组

主　编：李智勇
副主编：徐　聊　王亚鹏　于海洋
成　员：梁　熙　田志阳　单海鸥　边　防
　　　　林　昊　吴　忱

《电气工程师》审核组

大纲审核

主　审：王大勇　南立团　董红军　刘志刚
副主审：苏建峰　吴志宏
成　员：张建军　崔茂林　王秀江　尤庆宇　孟令新

内容审核

主　审：苏建峰
成　员：高　明　张建军　刘　杰　于永强
　　　　尤庆宇　杨雪梅

体例审核

孙　鸿　吴志宏　杨雪梅　张宏涛　李　楠　吴凯旋

前 言

《油气储运工程师技术岗位资质认证丛书》是针对油气储运工程师技术岗位资质培训的系列丛书。本丛书按照专业领域及岗位设置划分编写了《工艺工程师》《设备(机械)工程师》《电气工程师》《管道工程师》《维抢修工程师》《能源工程师》《仪表自动化工程师》《计量工程师》《通信工程师》和《安全工程师》10个分册。对各岗位工作任务进行梳理,以此为依据,本着"干什么、学什么,缺什么、补什么"的原则,按照统一、科学、规范、适用、可操作的要求进行编写。作者均为生产管理、专业技术等方面的骨干力量。

每分册内容分为三部分,第一部分为专业基础知识,第二部分为管理内容,第三部分为试题集。其中专业基础知识、管理内容不分层级,试题集按照难易度和复杂程度分初、中、高三个资质层级,基本涵盖了现有工程师岗位人员所必须的知识点和技能点,内容上力求做到理论和实际有机结合。

《电气工程师》分册由中国石油管道公司生产处牵头,大庆输油气分公司、沈阳输油气分公司、丹东输油气分公司、锦州输油气分公司、大连输油气分公司、中原输油气分公司、西安输油气分公司、郑州输油气分公司、长沙输油气分公司等单位参与编写。其中,李智勇、林昊编写电气专业基础知识及相关试题;王亚鹏、梁熙编写电气安全管理及相关试题;徐聘、于海洋、田志阳、吴忱编写电气设备运行与维护检修管理及相关试题;单海鸥编写电气设备预防性试验管理及相关试题;边防编写防雷防静电管理及相关试题。徐聘、于海洋、王亚鹏负责统稿,最后由审核组审定。

在编写过程中,编写人员克服了时间紧、任务重等困难,占用大量业余时间,编者所在的单位和部门给予了大力的支持,在此一并表示感谢。因作者水平有限,内容难免存在不足之处,恳请广大读者批评指正,以便修订完善。

编 者

目 录

电气工程师工作任务和工作标准清单 ……………………………………………（ 1 ）

第一部分 电气专业基础知识

第一章 基本概念与一般要求 ……………………………………………（ 2 ）
 第一节 基本概念 …………………………………………………………（ 2 ）
 第二节 一般要求 …………………………………………………………（ 7 ）

第二章 变电所管理 ………………………………………………………（ 12 ）
 第一节 运行管理 …………………………………………………………（ 12 ）
 第二节 安全管理 …………………………………………………………（ 16 ）
 第三节 设备管理 …………………………………………………………（ 19 ）
 第四节 事故处理 …………………………………………………………（ 20 ）

第三章 电气设备预防性试验基础知识 …………………………………（ 22 ）
 第一节 电气设备预防性试验概述 ………………………………………（ 22 ）
 第二节 电气设备预防性试验方法分类 …………………………………（ 22 ）

第二部分 电气技术管理及相关知识

第四章 电气安全管理 ……………………………………………………（ 24 ）
 第一节 高压电气设备上工作的基本要求 ………………………………（ 24 ）
 第二节 保证安全的组织措施和技术措施 ………………………………（ 28 ）
 第三节 电气安全用具的管理 ……………………………………………（ 35 ）
 第四节 锁定管理 …………………………………………………………（ 40 ）
 第五节 临时用电管理 ……………………………………………………（ 42 ）
 第六节 电气安全技术措施与反事故措施 ………………………………（ 45 ）

第五章 电气设备运行与维护检修管理 …………………………………（ 49 ）
 第一节 电气设备运行、操作及故障处理 ………………………………（ 49 ）
 第二节 电气设备检修计划与检修方案 …………………………………（ 53 ）
 第三节 电气设备检修 ……………………………………………………（ 54 ）

第四节　电气设备检修后的试运和投用 ………………………………（63）

第六章　电气设备预防性试验管理 …………………………………………（65）
　　第一节　电气设备预防性试验的准备与分工 …………………………（65）
　　第二节　电气设备预防性试验主要工作内容和验收 …………………（67）
　　第三节　电气设备预防性试验数据分析与评价 ………………………（70）
　　第四节　电气设备预防性试验的资料管理 ……………………………（78）

第七章　防雷防静电管理 ……………………………………………………（80）
　　第一节　防雷防静电装置检查 …………………………………………（80）
　　第二节　防雷防静电装置维护、检测要求 ……………………………（81）

第三部分　电气工程师资质认证试题集

初级资质理论认证 ……………………………………………………………（83）
　　初级资质理论认证要素细目表 …………………………………………（83）
　　初级资质理论认证试题 …………………………………………………（84）
　　初级资质理论认证试题答案 ……………………………………………（102）

初级资质工作任务认证 ………………………………………………………（107）
　　初级资质工作任务认证要素细目表 ……………………………………（107）
　　初级资质工作任务认证试题 ……………………………………………（108）

中级资质理论认证 ……………………………………………………………（124）
　　中级资质理论认证要素细目表 …………………………………………（124）
　　中级资质理论认证试题 …………………………………………………（124）
　　中级资质理论认证试题答案 ……………………………………………（134）

中级资质工作任务认证 ………………………………………………………（139）
　　中级资质工作任务认证要素细目表 ……………………………………（139）
　　中级资质工作任务认证试题 ……………………………………………（139）

高级资质理论认证 ……………………………………………………………（147）
　　高级资质理论认证要素细目表 …………………………………………（147）
　　高级资质理论认证试题 …………………………………………………（147）
　　高级资质理论认证试题答案 ……………………………………………（153）

高级资质工作任务认证 ………………………………………………………（156）
　　高级资质工作任务认证要素细目表 ……………………………………（156）
　　高级资质工作任务认证试题 ……………………………………………（156）

参考文献 ………………………………………………………………………（164）

电气工程师工作任务和工作标准清单

序号	工作任务	工作步骤、目标结果、行为标准（输油、气站、维抢修单位）		
		初级	中级	高级
业务模块一：电气安全管理				
1	高压设备工作的基本要求	高压设备的巡视		
2	保证安全的组织措施和技术措施	(1) 签发工作票；(2) 安全措施布置情况检查		
3	电气安全用具管理	绝缘保护用具送检校验		
4	锁定管理	部门锁、个人锁的上锁与解锁		
5	临时用电管理	办理临时用电许可		
6	电气安全技术措施与反事故措施	电气安全技术措施与反事故措施		
业务模块二：电气设备运行与检修管理				
1	电气设备运行、操作及故障处理	设备缺陷管理	备品备件管理	电气设备故障分析处理
2	电气检修计划的制定	电气设备检修工作方案材料收集	电气设备检修工作方案编制	电气设备检修工作方案审查修改
3	电气设备的检修	参加电气设备检修工作	组织电气设备检修工作	指导电气设备检修工作
4	电气设备检修后的试运和投用	设备检修后投运前检查	参加设备投运异常处理	组织设备投运异常处理
业务模块三：电气预防性试验管理				
1	电气设备预防性试验的准备工作与安排	电气设备预防性试验检修的准备	编制电气设备预防性试验检修方案	电气设备检修工作方案审查修改
2	电气设备预防性试验	电气设备预防性试验过程的安全监督	电气设备预防性试验的验收	组织电气设备预防性试验工作
3	电气设备预防性试验结果分析评价	电气设备预防性试验数据收集	电气设备预防性试验数据分析	电气设备状态评价
4	电气设备预防性试验材料归档	电气预防性试验报告管理	电气预防性试验总结编制	电气预防性试验总结审核修改
业务模块四：防雷防静电管理				
1	防雷防静电检测	防雷防静电装置检查	防雷防静电测试监督	防雷防静电测试问题整改
2	雷击事件分析处理	雷击事件现象记录	参加雷击事件分析处理	组织雷击事件分析处理

第一部分 电气专业基础知识

第一章 基本概念与一般要求

第一节 基本概念

一、电力系统简介

发电、输电和配电是电力系统的三大组成部分。发电系统发出的电能经由输电系统的输送，最后由配电系统分配给各个用户。

配电系统按接地方式的不同分为三类，即 TT 系统、TN 系统和 IT 系统。

（1）TT 方式是指将电气设备的金属外壳直接接地的保护系统，称为保护接地系统，也称 TT 系统。

（2）TN 方式供电系统是将电气设备的金属外壳与工作零线相接的保护系统，称作接零保护系统，也称 TN 系统。

（3）IT 方式供电系统，其中，第一个字母 I 表示电源侧没有工作接地，或经过高阻抗接地；第二个字母 T 表示负载侧电气设备进行接地保护。

二、输油气场站供电方式简介

变电所的电气主接线是由高压电气设备通过连接线组成的接受和分配电能的电路，又称一次接线或电气主系统。电气主接线是汇集和分配电能的通路。

（1）输油站场的电力负荷分级应符合下列规定：

① 加热输送原油管道的首站、设有反输功能的末站、压力或热力不可越站的中间站应为一级负荷；常温输送管道的首站、压力不可越站的泵站宜为一级负荷；减压站宜为一级负荷。其他各类输油站应为二级负荷。

② 线路监控阀室、独立阴极保护站可为三级负荷。

③ 输油站场及远控线路截断阀室的自动化控制系统、通信系统、输油站的紧急切断阀及事故照明应为一级负荷中特别重要的负荷。

（2）一级负荷输油站场应有双重电源供电；当条件受限制时，可由当地公共电网同一变电站电气联系相对较弱的两个不同母线段分别引出一个回路供电，供电电源变电站应具备至少两路电源进线和至少两台主变压器。输油站场每一个电源（回路）的容量应满足输油站的全部计算负荷，非受限制区域两路架空供电线路不应同杆架设。

（3）二级负荷输油站场宜有两回线路供电，两回线路可同杆架设；在负荷较小或地区供电条件困难时，可由一回线路供电，但应设应急电源。

（4）输油站场中站控制系统、通信系统、紧急截断阀应采用不间断电源（UPS）供电，蓄电池组的后备时间应满足站控系统、通信系统及紧急截断阀的后备时间要求，且不宜少于2h。

（5）在无电或缺电地区，站内低压负荷可采用燃油发电机组供电，发电机组的选择应符合下列规定：

① 发电机组运行总容量应按全站低压计算负荷的 1.25～1.30 倍选择，并应满足大容量低压电动机的启动条件；备用机组容量可按运行机组容量的 50%～100% 选择。

② 发电机组的数量应为 2 台及以上，同一输油站宜选择同型号、同容量机组；应根据机组的检修周期、是否设值班人员及机组运行数量，合理确定备用机组数量。

③ 发电机组应满足并联运行要求，具有自动—手动并车功能。

（6）变配电所的无功补偿应符合以下规定：

① 输油泵配 6(10)kV 异步电动机数量在 5 台以下时，宜采用单机无功补偿方式；数量在 5 台及以上时，宜采用集中补偿方式。

② 低压配电侧宜采用集中无功自动补偿方式。

③ 当工艺条件适当时，可采用高压同步电动机驱动输油泵。

三、变电所主接线方式

1. 单母线接线

单母线接线是指单一母线接线方式。优点是接线简单清晰，操作方便，使用设备少，投资省。缺点是供电可靠性低，不仅当母线及母线上连接的隔离开关发生故障或要清扫检修时就要全部停电，而且检修任一电源或引出线断路器时该回路必须停电。

为了提高单母线接线方式运行的灵活性，在母线中间位置设置断路器，从而将单母线分为两段，如图 1-1-1 所示。其优点是可用于双电源变电所，当其中一段母线或母线隔离开关需要清理检修时，可以将该母线停电而另一段照常工作；线路故障时，继电保护动作切除故障母线电源开关及分段开关而不影响另一段母线正常运行。缺点是任一分段母线及该母线所带回路上的设备检修或故障时，该母线所连接的所有回路都要停止工作。

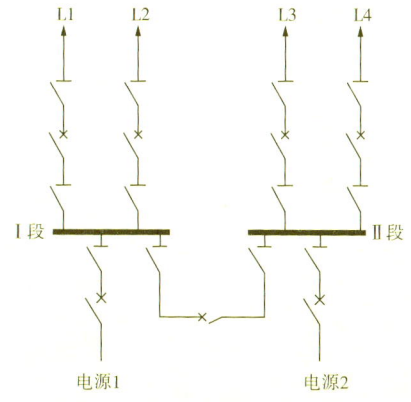

图 1-1-1 单母线分段运行方式

单电源进线和单台变压器的变电所，可采用线路—变压器组的单元接线：其主变压器的容量宜按全站计算负荷的 1.25~1.33 倍选择，且应满足输油主泵电动机的启动条件。

2. 双母线接线

双母线接线的特点是两条并列排列的母线之间用母联断路器连接，母联断路器两侧各有一组隔离开关。每一回进出线与两条母线之间各装一组隔离开关。正常运行时，这两组隔离开关只有一组处于合闸状态，另一组处于分闸状态。

优点：供电可靠性大，可以轮流检修母线而不使供电中断。当一母线故障时，只要将故障母线上的回路倒换到另一组母线上，即可恢复供电。

缺点：每个回路增加了一组母线隔离开关，使配电装置的构架及占地面积、投资费用都相应增加，在改变运行方式倒闸操作时容易发生误操作。

3. 带旁路母线的接线方式

单母线和双母线接线方式都有一个缺点：当检修某一条线路时，该线路必须停电。采用旁路母线时，检修配出线断路器时，该线路可由旁路断路器供电，因此不必停电。装设旁路母线投资大、结线复杂，长输管道供电系统中没有采用。

4. 桥式接线

当有两路电源进线时，主变压器应为两台。变电所一次侧宜采用桥型接线，其二次侧宜采用单母线分段接线。主变压器每台容量应满足全站计算负荷，并应满足输油主泵电动机的启动条件。

1）内桥接线

特点：两台断路器 1QF 和 2QF 接在引出线上，连接桥接在断路器的内侧。在此电路中线路的投切是比较方便的，但是变压器的投切比较复杂，内桥接线适用于线路较长故障较多而变压器不需经常切换的场合，如图 1-1-2 所示。

2）外桥接线

特点：两台断路器 1QF 和 2QF 接在变压器回路中，连接桥接在变压器回路断路器的外侧，在此电路中变压器的投切比较方便，适用于线路较短，故障少，而变压器需要经常切换的场合。如图 1-1-3 所示。

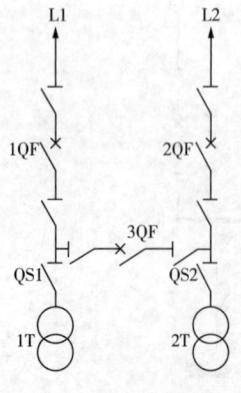

图 1-1-2 内桥接线

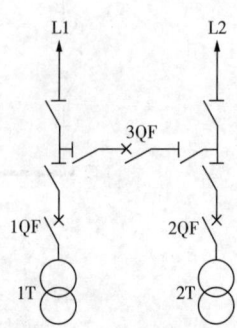

图 1-1-3 外桥接线

3）桥式接线的优缺点

优点：工作可靠灵活，使用电器少，装置简单清晰和建造费低。

缺点：不便于发展。虽然它有发展成单母线分段双母线接线或扩大桥式接线，但改建配电装置及继电保护二次回路都很困难，而且要花费很大的代价。

四、长输管道变电设备简介

在长输管道中运行的变电所按照电压等级主要分为35kV及以上变电所和10kV及以下变电所。电压等级是电力系统及电气设备的额定电压级别系列，是电力系统及电气设备规定的正常电压，是与电力系统及电气设备某些运行特性有关的标称电压。目前，我国常用的电压等级有220V、380V、6kV、10kV、35kV、110(66)kV、220kV、330kV、500kV和1000kV。在长输管道变电所中运行的主要是110kV及其以下的电压等级。

变电所中电气设备按其作用不同一般分为一次设备和二次设备。

1. 一次设备

一次设备是直接生产、输送和分配电能的设备。变压器和高压电动机是最主要的一次设备。变压器用来传递能量，改变电压，为所有用电设备提供适合的电压和稳定的电源。高压电动机将电能转化为机械能，为油品运输提供源源不断的动力。

为保证主要设备的安全运行还有很多其他设备。断路器、隔离开关及熔断器都是高压开关电器，它们不仅用来接通或断开电路，同时也是一次电力系统设备中起控制和保护作用的关键电器。互感器是特殊的变压器，主要用于二次计量和继电保护中。电容器是无功补偿设备，主要用于改善功率因数，保证电能质量。母线及电缆是变电所中用于汇集、分配和传送能量的电器设备。

2. 二次设备

对一次设备的工作进行监察测量、操作控制和保护的辅助设备称为二次设备。二次设备及其相互间的连接电路称为二次接线或二次回路，其任务是通过对一次回路的监察和测量来反应一次回路的工作状态并控制一次回路。二次回路一般包括控制回路、监测回路、信号回路、保护回路、调节回路、操作回路、励磁回路等。各种继电器根据需求为保护装置区分系统正常运行与发生故障或不正常工作状态，发出信号或使断路器跳闸，将故障部分从系统中切除。变电所综合自动化可以描述为：将变电站的二次设备（包括测量仪表、信号系统、继电保护、自动装置和远动装置等）经过功能的组合和优化设计，利用先进的计算机技术、现代电子技术、通信技术和信号处理技术，实现对整个变电所的遥测、遥信、遥控和微机监视功能，提高了变电所的安全运行和管理水平。

避雷器是变电站保护设备免遭雷电冲击波袭击的设备。当沿线路传入变电站的雷电冲击波超过避雷器保护水平时，避雷器首先放电，并将雷电流经过良导体安全地引入大地，利用接地装置使雷电压幅值限制在被保护设备雷电冲击水平以下，使电气设备受到保护。避雷器按其发展的先后可分为：保护间隙、管型避雷器、磁吹避雷器、氧化锌避雷器。氧化锌避雷器是利用了氧化锌阀片理想的伏安特性，具有无间隙、无续流残压低等优点，也能限制内部过电压，被广泛使用。

五、防雷防静电相关术语

1. 引下线

引下线是用于将雷电流从接闪器传导至接地装置的导体。

2. 接地电阻

接地电阻一般指接地体上的工频交流或直流电压与通过接地体而流入地下的电流之比。

3. 接地装置

接地装置是接地体和接地线的总合，用于传导雷电流并将其流散入大地。

4. 直击雷

直击雷的闪击直接击于建（构）筑物、其他物体、大地或外部防雷装置上，产生电效应、热效应和机械力者。

5. 闪电感应

闪电感应是闪电放电时，在附近导体上产生的雷电静电感应和雷电电磁感应，它可能使金属部件之间产生火花放电。

6. 闪电电涌

闪电击于防雷装置或线路上以及由闪电静电感应或雷击电磁脉冲引发，表现为过电压、过电流的瞬态波。

7. 闪电电涌侵入

由于雷电对架空线路、电缆线路或金属管道的作用，雷电波，即闪电电涌，可能沿着这些管线侵入屋内，危及人身安全或损坏设备。

8. 防雷等电位连接

将分开的诸金属物体直接用连接导体或经电涌保护器连接到防雷装置上以减小雷电流引发的电位差。

9. 接地体

接地体是指埋入土壤中或混凝土基础中作散流用的导体。

10. 电涌保护器

电涌保护器是用于限制瞬态过电压和分泄电涌电流的器件。它至少含有一个非线性元件。

11. 土壤电阻率

土壤电阻率是单位长度土壤电阻的平均值，单位是 $\Omega \cdot m$。

12. 等电位连接带

等电位连接带是将金属装置、外来导电物、电力线路、电信线路及其他线路连于其上以能与防雷装置做等电位连接的金属带。

13. 雷击电磁脉冲

雷击电磁脉冲是指雷电流经电阻、电感、电容耦合产生的电磁效应，包含闪电电涌和辐射电磁场。

14. 阀式避雷器

阀式避雷器是一种能释放雷电或兼能释放电力系统操作过电压能量，保护电工设备免受瞬时过电压危害，又能截断续流，不致引起系统接地短路的电器装置。

15. 接地线

接地线是从引下线断接卡或换线处至接地体的连接导体;或从接地端子、等电位连接带至接地体的连接导体。

16. 雷击

雷击是指对地闪击中的一次放电。

17. 接闪器

接闪器由拦截闪击的接闪杆、接闪带、接闪线、接闪网以及金属屋面、金属构件等组成。

18. 体积电阻率

体积电阻率是液体介质在单位体积内的电阻大小,单位是 $\Omega \cdot m$。

19. 电导率

电导率是物质传送电流的能力,是电阻率的倒数,也叫比电阻。

第二节　一 般 要 求

一、变电所运行的一般要求

(1) 在电气设备上工作,值班人员应做好保障安全的组织措施和技术措施;工作时,人体与不同带电设备导体之间,应保持一定的最小安全距离,见表 1-2-1。

表 1-2-1　工作时人体与不同带电设备导体之间应保持的最小安全距离

不同带电设备导体电压等级(kV)	安全距离(m)
≤1	0.1
6~10	0.7
35	1.0
66~110	1.5

(2) 用隔离开关操作如下电气设备:

① 拉、合电压互感器和避雷器。

② 拉、合空载母线。

③ 拉、合空载变压器。

a. 66~110kV:3200kV·A 以下的变压器;

b. 35:1000kV·A 以下的变压器;

c. 6~10kV:320kV·A 以下的变压器。

④ 拉、合空载线路。

a. 35~66kV:32km 以下线路;

b. 6kV:5km 以下线路。

⑤ 拉、合(6~10kV)电力电缆。

a. 截面积为 $3×35mm^2$:1.5km 及以下电缆;

b. 截面积为 $3×70mm^2$:1.2km 及以下电缆;

c. 截面积为 3×120mm²：1.0km 及以下电缆；

d. 截面积为 3×180mm²：0.8km 及以下电缆。

（3）变压器并列运行应满足以下条件：

① 变压比相等，允许误差不大于±0.5%；

② 阻抗电压相等，允许误差不大于±10%；

③ 结线组别相同；

④ 容量比不应超过 3：1。

（4）两个电源并列运行应满足以下条件：

① 相位相同；

② 相序一致；

③ 电压差不超过 10%。

（5）电压、频率和功率因数的要求如下：

① 变电所应根据电压质量及功率因数变化及时投切无功补偿电容器，使月平均功率因数达到 0.9 以上并满足当地电力部门的要求。

② 电力系统的母线电压应为 U_n（电压偏差±5%）（U_n 指电力系统的标称电压），频率应为（50±0.5）Hz。当电压或频率达不到运行要求时，应与电力调度、输油（气）调度联系采取正确的措施。

二、防雷要求

1. 管理要求

防雷建筑物的分类见表 1-2-2，防雷管理要求有：

（1）防雷装置设计未经审核同意的，不得交付施工，防雷装置竣工未经验收合格的，不得投入使用。新建、改建、扩建工程的防雷装置必须与主体工程同时设计、同时施工、同时投入使用。

（2）在各类站场防雷、接地工程中，应对隐蔽工程实行随工验收，并加强监理，以确保工程的施工质量。

（3）甲级资质单位可以从事第一类、第二类和第三类防雷建筑物以及各类场所和设施的防雷工程的设计或者施工。乙级资质单位可以从事第二类和第三类防雷建筑物以及各类场所和设施的防雷工程的设计或者施工。丙级资质单位可以从事第三类防雷建筑物的防雷工程的设计或者施工。

表 1-2-2 防雷建筑物的分类

分类	特 征
第一类防雷建筑物	在可能发生对地闪击的地区，具有 1 区爆炸危险场所的建筑物，因电火花而引起爆炸，会造成巨大破坏和人身伤亡者；油气管道内通风不良的具有爆炸危险环境的建筑物为气体爆炸危险场所 1 区
第二类防雷建筑物	油气管道内具有良好通风的压缩机厂房、输油泵房（棚）、工艺设备区、阀室等为气体爆炸危险场所 2 区、有爆炸危险的露天钢质封闭气罐、预计雷击次数大于 0.25 次/a 的建筑物
第三类防雷建筑物	油气管道内预计雷击次数大于或等于 0.05 次/a 且小于或等于 0.25 次/a 的建筑物、平均雷暴日大于 15 天/a 的地区，高度在 15m 及以上的烟囱、通信微波塔、高杆灯等孤立的高耸建筑物；在平均雷暴日小于或等于 15 天/年的地区，高度在 20m 及以上的上述高耸建筑物

（4）投入使用后的防雷装置实行定期检测制度。防雷装置应当每年检测一次，对爆炸和火灾危险环境场所的防雷装置应当每半年检测一次。

（5）检测发现的不合格问题，要按照整改建议，抓紧进行整改。

（6）站场应有防雷防静电接地分布图及台账，接地极应统一进行编号。

2. 技术要求

（1）站场控制室、机柜间不应设在建筑物的边缘，宜设在建筑物中心、底层部位，同时应避开建筑物防雷引下线。

（2）油气管道各类防雷建筑物均应设防直击雷的外部防雷装置，并应采取防闪电电涌侵入的措施。具有良好通风的压缩机厂房、输油泵房（棚）、工艺设备区、阀室等为气体爆炸危险场所2区的建筑物还应采取防闪电感应的措施。爆炸危险场所的分区见表1-2-3。

表1-2-3 爆炸危险场所应根据爆炸性气体混合物出现的频率、持续时间进行分区

分区	特征
0区	爆炸性气体混合物连续出现或长期存在的场所（如密闭的容器或储油罐内部气体空间）
1区	在正常运行中可能产生爆炸性气体混合物的场所
2区	在正常运行中不可能产生爆炸性气体混合物，即使产生也只能短时间存在的场所

（3）各类防雷建筑物应设内部防雷装置，并应符合下列规定：

① 在建筑物的地下室或地面层处，下列物体应与防雷装置做防雷等电位连接：

a. 建筑物金属体；

b. 金属装置；

c. 建筑物内系统；

d. 进出建筑物的金属管线。

② 除上述①条的措施外，外部防雷装置与建筑物金属体、金属装置、建筑物内系统之间，应满足间隔距离的要求，距离的确定按各类防雷建筑物的具体要求进行计算。

（4）当油气管道建筑物内有重要的易受雷击电磁脉冲损坏的设备时，还应采取防雷击电磁脉冲的措施，例如调度控制中心、站控室、通信机房等建筑物。

（5）石油和石油产品应贮存在密闭性的容器内，并避免油气混合物在容器周围积聚。

（6）存在油气泄漏或积聚可能的区域，应避免金属导体间产生火花放电。

（7）油气管道设施应采用防雷接地。防雷、防静电、电气设备、保护及信息系统等的接地，宜共用接地装置。

（8）在有可能存在爆炸气体的建筑物处，应设置可靠的本安型人体静电释放柱，其内部电气系统应使用防爆功能的元件。

（9）工艺设施中应采取以下基本方法和措施：

① 尽量减少可燃液体、粉体、粉尘等流动时静电的产生；

② 防止可燃液体中加入水分和气体；

③ 导出或中和产生的静电荷，使其不能积聚；

④ 防止高能量的静电放电；

⑤ 防止爆炸气体混合物的形成。

（10）对易发生静电事故的爆炸危险场所，应考虑：

① 配备能可靠发出报警并同时联动的自动检测控制仪表装置，如可燃气体自动报警、通风系统等；

② 配置消防器材或设施；

③ 设置紧急联络通信设施；

④ 采取通风等措施，减少可燃气体的积聚。

（11）生产工艺设施，应在满足操作及使用条件的前提下，充分考虑到由于误操作或故障、检修等原因导致静电事故发生的各种因素，应采取安全防护技术手段消除或减少这些因素。

（12）易发生静电危害的设备，其必要的安全防护、安全检测、接地与跨接、保险装置及信号系统等应齐全、有效。

三、防静电接地要求

1. 必须接地的部位

（1）装在设备内部而通常从外部不能进行检查的导体。

（2）装在绝缘物体上的金属部件。

（3）与绝缘物体同时使用的导体。

（4）被涂料或粉体绝缘的导体。

（5）容易腐蚀而造成接触不良的导体。

（6）在液面上悬浮的导体。

2. 可以不接地的部位

（1）当金属导体已与防雷、电气保护、防杂散电流、电磁屏蔽等的接地系统有电气连接时。

（2）埋入地下的金属构造物、金属配管、构筑物的钢筋等金属导体间有紧密的机械连接，并在任何情况下金属接触面间有足够的静电导通性时。

（3）当金属管段已做阴极保护时。

3. 静电接地方式

（1）静电导体应采用金属导体进行直接静电接地。

（2）人体与移动式设备应采用非金属导电材料或防静电材料以及防静电制品进行间接静电接地。

（3）静电非导体除应间接静电接地外，尚应配合其他的防静电措施。

4. 静电接地系统的接地电阻

（1）当其他接地装置兼做静电接地时，其接地电阻应根据该接地装置的要求确定。

（2）防静电接地装置每年应进行一次检测，防静电接地装置接地电阻值应符合设计规定。

5. 静电接地端子和接地板

（1）应在设备、管道的一定位置上，设置专有的接地连接端子，作为静电接地的连接点。

（2）接地连接端子的位置应符合下列要求：

① 不易受到外力损伤；

② 便于检查维修；

③ 便于与接地干线相连；

④ 不妨碍操作；

⑤ 尽量避开容易积聚可燃混合物以及容易锈蚀的地点。

6. 静电接地的连接

（1）接地端子与接地支线连接，应采用下列方式：

① 固定设备宜用螺栓连接；

② 有振动、位移的物体，应采用挠性线连接；

③ 移动式设备及工具，应采用电池夹头、鳄式夹钳、专用连接夹头等器具连接，不应采用接地线与被接地体相缠绕的方法。

（2）静电接地的连接应满足下列要求：

① 当采用搭接焊连接时，其搭接长度必须是扁钢宽度的 2 倍或圆钢直径的 6 倍；

② 当采用螺栓连接时，其金属接触面应去锈、除油污，并加防松螺帽或防松垫片；

③ 当采用电池夹头、鳄式夹钳等器具连接时，有关连接部位应去锈、除油污。

第二章 变电所管理

第一节 运行管理

一、变电所管理要求

(1) 变电所设运行人员负责变电所的设备管理、供电运行等工作。

(2) 变电所技术人员由输油气站电气技术员担任。

(3) 有人值班变电所每班不少于2人,设主值班员和值班员。符合单人值班规定的变电所可由单人值班。符合无人值守变电所规定的变电所可无人值守。

(4) 电气倒闸操作、维检修工作不得少于2人。

(5) 电气设备上工作应严格执行工作票制度、工作许可制度、工作监护制度、工作间断、转移和终结制度。

二、人员要求

(1) 根据DL 408—1991《电业安全工作规程》要求,持有效的《电工进网作业许可证》和《特种作业操作证》的人员,应按有关规定参加《电业安全工作规程》培训和考试,考试合格方可从事电气工作。

(2) 电气技术人员应由具有电气专业的中专及以上或相当于中专水平,熟悉变电技术业务,熟悉电气设备的运行、检修、试验、管理规程,并有实际经验的人员担任。

(3) 主值班员应由具有中级工及以上水平的人员担任。

(4) 值班员应由具有初级工及以上水平的人员担任。

(5) 单人值班员应由具有中级工及以上水平的人员担任。

(6) 维修电工应由熟悉设备原理、结构、检修工艺和规程的中级工及以上水平的人员担任。

三、变电所现场要求

(1) 房间和设备完整清洁,各类图纸资料齐全,目录清晰,专柜摆放,主接线图(模拟图板)、安全工具、绝缘保护用具摆放整齐。

(2) 室外开关场地、巡视道路平整,围墙、大门、电缆沟盖板完好,环境清洁。

(3) 工作场所设备、材料摆放整齐有序,工作完成做到"工完、料净、场地清"。

(4) 电缆沟内电缆排列整齐,无杂物、无积水。

(5) 所内应备有急救药箱。

(6) 所内外提示、警示语、安全标牌等安装规范。

四、日常运行管理

电气设备的运行应按电气设备及二次回路、母线运行的基本要求，开展运行维护和异常处理工作。

结合预防性试验结果，每年应对电气设备的运行维护工作进行一次全面的分析评价，掌握设备状况，报上级主管部门，为做好设备检修和更新改造计划提供参考依据。

1. 值班管理

① 值班人员应按规范劳保着装，佩戴值班标志。

② 值班人员不得进行与工作无关的其他活动。除进行倒闸操作、巡视设备、设备维护工作外，值班人员不得离开控制室。

③ 值班人员要完成当班的运行、维护、倒闸操作和管理工作。值班期间进行的各项工作，应填写到相关的记录中。抄表时间应为整点正负 5min。

④ 倒闸操作、处理事故及与电业调度、输油气生产值班调度等联系，均应启用录音设备。

2. 交接班管理

（1）接班人员应提前 20min 进入控制室。值班人员应按照交接班的主要内容进行交接，正点交接完毕。未办完交接手续之前，不得擅离职守。

（2）交接班前、后 30min 内，一般不进行重大操作。在处理事故倒闸操作时，不得进行交接班；交接班时发生事故，应停止交接班，由交班人员处理，接班人员在交班主值班员指挥下协助工作。

（3）交接班的主要内容：

① 系统运行方式及设备状态；

② 当班期间令票的执行情况；

③ 发现的缺陷、运行异常、事故的处理情况；

④ 继电保护、自动装置动作和投退变更情况，综合自动化系统运行情况；

⑤ 直流系统运行情况；

⑥ 上级命令、指示内容和执行情况；

⑦ 设备巡检、维护、检修、试验情况；

⑧ 工用具完好情况，环境卫生。

（4）交接班时，由交班值日长按交接班内容向接班人员交待情况，指定值班员负责监盘，带领交接班人员对主要设备和地点进行现场检查。实现综合自动化保护系统的变电所，在交接班时交班人员退出，接班人员重新登录监控系统。值班记录的签名栏，应由交接班人员手写签名，不得打印。

（5）接班人员重点检查内容：

① 查阅上个循环班至今的各项记录，核对运行方式；

② 检查设备情况，了解缺陷及异常情况；

③ 检查后台机声光报警及各种信号灯指示；

④ 检查直流系统绝缘及浮充电流；

⑤ 检查温度表、压力表、油位计等重要表计指示；

⑥ 核对接地线编号和装设地点；
⑦ 核对保护压板的位置；
⑧ 检查安全工用具及室内外卫生情况；
（6）接班人员认为可以接班时，方可签名接班；
（7）接班后，根据天气、运行方式、设备情况和工作任务等，安排本班工作。

3. 巡回检查要求
（1）对各种值班方式下的巡视时间、次数、内容，各变电所应做出明确规定。
（2）值班人员应按规定认真巡视检查设备，提高巡视质量，对发现的异常和缺陷，应及时向上级汇报，杜绝事故发生。
（3）变电所的设备巡视检查，一般分为正常巡视（含交接班巡视）、全面巡视、熄灯巡视和特殊巡视。
（4）巡视检查必要时可采用测温设备检查开关设备的接头部位，特别是设备新投入、大负荷、频繁启动或盛夏季节，加强对运行设备温升的监测，发现过热现象应及时处理；具备测量设备内部温度条件的，应对设备内部进行测温。如：开关柜内、避雷器、电流互感器、电压互感器、电容器等。
（5）每周应对缺陷有无发展做出鉴定，检查防火、防小动物、防误闭锁等有无问题，检查接地引线应完好。
（6）巡视中遇有严重威胁人身和设备安全情况，应立即汇报。
（7）每月应夜间熄灯巡视至少一次，检查设备电晕、放电、接头过热等现象。
（8）遇有以下情况，应进行特殊巡视：
① 大风前后；
② 雷雨后；
③ 冰雪、冰雹、雾天、沙尘天气；
④ 设备变动后；
⑤ 设备新投入运行后；
⑥ 设备经过检修、改造或长期停运后重新投入系统运行后；
⑦ 根据上级通知增加的巡视等。
（9）异常情况下的巡视主要是指：过负荷或负荷剧增、超温、设备发热、声音异常、异味、跳闸、有接地故障情况等，应加强巡视，必要时派专人监视。
（10）设备缺陷近期有发展时、法定节假日、有重要生产任务时，应加强巡视。
（11）每班至少对运行设备全面巡视一次，技术员每周应进行一次全面巡视和监督性巡视，考核各班的巡视检查质量。维检修人员每季度至少进行一次全面巡视和必要的检测。

4. 变电所记录要求
（1）变电所应具备各类完整的记录。各种记录至少保存一年，重要记录应长期保存。
（2）各种记录要求用钢笔或碳素笔按格式填写，提倡使用仿宋字，做到字迹工整、清晰、准确、无遗漏。
（3）使用微机运行管理系统的变电所，数据库中记录应定期检查并备份。

5. 反事故措施要求
（1）变电所应根据上级反事故技术措施和安全性评价提出的整改意见的具体要求，定期对本所设备的落实情况进行检查，督促落实。

（2）配合主管部门按照反事故措施的要求和安全性评价提出的整改意见，分析设备现状，制订落实计划。

（3）做好事故预案编制，对现场事故预案执行不利的情况，应及时向有关主管部门反映。

（4）在变电所内进行作业，应进行作业前安全分析，制订相应的事故预案。

（5）定期对本所事故预案的落实情况进行总结、备案，并上报有关部门。

6. 综合自动化保护系统

（1）应定期核对微机继电保护装置的各相交流电流、电压、零序电流、差电流、外部开关量变位和时钟，并做好记录，核对周期不应超过一年。

（2）微机继电保护装置动作（跳闸或重合闸）后，运行人员应按要求做好记录和复归信号，将动作情况立即向主管领导汇报。

（3）微机继电保护装置出现异常时，运行人员应根据该装置的现场运行规程进行处理，并立即向主管领导汇报。

（4）综合自动化保护系统应有 GPS 校时。

（5）远方更改微机继电保护装置定值或操作微机继电保护装置时，应根据现场有关运行规定进行操作，并有保密、监控措施和自动记录功能。

（6）微机继电保护装置的模块或插件出现异常时，应用备品备件更换，更换后应对整套保护装置进行必要的检验。

（7）对监控系统更新或升级时，应制订详细的升级改造方案，经主管部门同意后方可实施，升级前应做好原系统软件与数据的备份。

（8）严禁在后台机上运行非本系统的软件。

五、无人值守变电所的运行管理

无人值守变电所是指变电所内不设专职人员对变电所内的设备进行监视、操作和日常管理，依靠远方监控系统实现远方操作和获取相关信息的变电所，具有远方监视、测量、控制功能，控制室内具备声、光报警装置的变电所和 10kV 以下的变配电所。无人值守变电所在执行变电所运行管理的同时还应执行以下要求：

（1）远方值班员可由输油气运行值班员兼任，也可以单独配备。

（2）若调度自动化装置运行异常并且短期内不能恢复时，变电所应恢复有人值班。

（3）遇有天气恶劣以及其他情况时，可根据领导要求恢复有人值班。

（4）设备操作具体要求如下：

① 能够远方遥控操作的设备均应遥控操作，操作完毕后必须检查遥信、遥测及负荷的正确性。

② 当设备出现异常情况时，应禁止遥控、遥调操作。

③ 检修、试验等开关的操作，不进行遥控操作，应按 DL/T 550—2014《地区电网调度控制系统技术规范》规定的程序进行。

④ 连续两次遥控失败时，禁止再进行遥控操作，应立即通知有关人员进行检查。

⑤ 后台机操作应一人操作另一人监护，分别输入密码，操作后应检查指示信号正确，

再进行下一步操作，全部操作完成后现场巡视，核对确认信号、位置正确。

六、无人值守变电所的异常处理

（1）远方值班员应根据远动系统事故的报警、遥信和遥测数据的变化，正确判断，果断处理。在《运行值班记录》上详细记录处理过程及处理结果，必要时写出事故简报。需要维检修人员处理的故障，应及时通知主管部门。

（2）发现站内信号出现异常时，应迅速到现场进行检查，并通知维检修人员处理。

（3）变电所发生系统单相接地时，利用计算机遥控开关判断接地线路，找出接地线路的，通知检修主管部门处理。

（4）主变压器轻瓦斯动作发出报警后，远方值班员应立即通知主管领导和维检修人员查明原因。

（5）发现主变压器温度升高时，远方值班员应检查负荷或电流值，并考虑环境温度，做到迅速准确处理，确属设备问题应汇报主管领导和维检修人员进行处理。

（6）当开关跳闸时，应查明原因处理后再行送电，并将检查处理结果详细记录在《运行值班记录》中。

（7）当电容器开关因过流或其他原因跳闸时，应通知维检修人员到现场检查，确认无异常后，按规程要求试送。改变运行方式操作必须先停电容器，电容器投停间隔不得小于5min。

（8）全所失压时，将进线开关或主变压器主进开关断开，检查确认具备失压保护的设备开关确已跳开，尽快查明全所失压原因并处理。

第二节　安　全　管　理

一、倒闸操作

（1）倒闸操作应按规定使用第一种工作票、第二种工作票和倒闸操作票。

（2）倒闸操作应由二人进行，由对设备较熟悉的人担任监护人。特别重要和复杂的倒闸操作应由技术熟练的主值班员操作，由电气技术员监护。

（3）除事故处理外的一切倒闸操作，均应使用操作票。事故处理的善后操作也应使用操作票。

（4）倒闸操作票使用应统一编号，顺序使用。

（5）执行后的操作票应按时存档，每月由技术员进行整理后收存，操作票保存期为一年。

二、操作的执行程序

1. 操作准备

操作前由主值班员或技术员组织全体在班人员做好如下准备：

（1）明确操作任务和停电范围，并做好分工。

（2）拟定操作顺序，确定装地线部位、组数及应设的遮栏、标示牌。明确工作现场临近带电部位，并制订相应措施。

（3）考虑保护和自动装置相应变化及应断开的交、直流电源，采取防止电压互感器、所用变二次反送电的措施。

（4）分析操作过程中可能出现的问题和应采取的措施。

（5）设备检修后操作前应认真检查设备状况及一次设备和二次设备的拉合位置并与工作前相符。

2. 接令

（1）接令人使用电话接受命令前，应先和发令人互报姓名。电业调度员发布命令后，接令人员复诵命令，全过程都要录音并做好记录。

（2）对电业调度命令有疑问时，应及时与发令人共同研究解决，对错误令应提出纠正，未纠正前不准执行。

3. 操作票填写

（1）操作票由操作人填写。

（2）操作票任务栏应根据电业调度命令或已签发的工作票内容按本标准规定的术语填写，也可将电业调度命令记录本中的内容抄入任务栏中。

（3）操作顺序应根据电业调度命令并参照本所典型操作票和事先准备的操作票内容进行填写。

（4）操作票填写后，由操作人和监护人共同审核复查，无误后监护人和操作人分别签字。复杂操作还应经技术员审核并签字。

4. 模拟操作

（1）核对确认模拟图板与实际的运行方式一致。

（2）在图板前由监护人根据操作顺序逐项下令，由操作人复令执行，图板上无法模拟的步骤，也应按操作顺序进行下令、复令。

（3）模拟操作完应核对图板新运行方式与操作令相符。

（4）拆、装地线，图板上应有明显标志。

5. 操作与监护

（1）监护人持操作票与操作人至操作设备处，核准设备名称和编号，下达操作命令。

（2）操作人确认操作部位，复诵命令。

（3）监护人审核复诵内容和操作部位正确后，下达"执行"令。

（4）操作人执行操作。

（5）监护人和操作人共同检查操作质量（远方操作只检查相应的信号装置）。

（6）监护人在操作票本步骤前划"√"，再通知操作人进行下步操作。

（7）操作中遇有事故或异常，应停止操作，并向发令人汇报。

6. 检查确认

操作完毕应做一次全面检查核对，远方操作的设备也应到现场检查，确认无误后，应在最后一张操作票上填入终了时间，在最后一步下方加盖"已执行"章，汇报有关人员。

三、防误闭锁装置管理

（1）防误闭锁装置应处在良好的运行状态，发现问题应及时处理。

(2）电气闭锁装置应有相关图纸。
(3）在倒闸操作时若发现闭锁装置失灵而需要解锁时，应经有关人员批准，事后向上级汇报，并将问题记入设备缺陷记录中。
(4）电气设备的固定遮栏门、单一电气设备及线路侧接地刀闸应加锁锁定。

四、消防管理

(1）制定消防措施并认真落实。
(2）变电所应划定消防部位，指定防火负责人，建立义务消防组织，有消防部位平面图。
(3）消防设施和器具的设置应符合消防部门的规定，每月定期检查消防器具的放置、完好情况并清点数量，并记录。对损坏及过期的应及时更换，不得拖延。
(4）运行人员应学习消防知识和本所消防器具的使用方法，定期进行消防演习。
(5）全所人员应熟知火警电话及报警方法。
(6）控制盘、配电盘和开关场区的端子箱等电缆穿孔应由阻燃材料封堵。
(7）设备室或设备区不得存放易燃、易爆物品。特殊需要时，应加强管理。
(8）变电所内外消防通道畅通。
(9）变电所内易燃易爆区域禁止动火作业，特殊情况需要到主管部门办理动火手续，并采取安全可靠的措施。
(10）变电所的火灾报警系统应定期检验。

五、防范小动物措施

(1）变电所应有防范小动物进入电气设施的措施，每月检查落实情况，发现问题及时处理。
(2）各设备室的门窗应完好严密，不得有能进入小动物的孔、缝。
(3）设备室通往室外的电缆沟、道应严密封堵，因施工拆后应及时堵好。
(4）各设备室不得存放粮食及其他食品。
(5）各开关柜、电气间隔、端子箱和机构箱应采取防止小动物进入的措施。

六、遮栏的安装和标示牌的使用

(1）带电设备不能满足安全距离要求的，应设遮栏。遮栏应完好无损。并应悬挂"止步、高压危险"的警告牌。
(2）变压器和设备架构的爬梯上应悬挂"禁止攀登，高压危险"的警告牌。
(3）停电工作使用的临时遮栏、围绳、布幔和悬挂的标示牌。

七、危险用品管理

(1）变电所内各类危险用品应有专人负责，妥善保管，制订使用规定。专人负责监督使用。
(2）各类可燃气体、油类应按产品存放规定的要求统一保管，定期检查，不得散存。
(3）变电所内备用SF_6气体应妥善保管，特别对使用过的SF_6气体应按规定处理。

八、外来人员安全管理

（1）外来人员应在得到允许之后，在变电所运行人员的带领下，戴好安全帽方可进入设备场区。

（2）施工人员应履行相应的手续，经分公司安全和生产部门进行安全培训考试合格后，方可进入变电所。

（3）施工人员也应遵守变电所安全管理规定，应履行工作票手续，在作业中不准擅自变更安全措施。不准动用工作票所列范围以外的电气设备。如在施工过程中违反变电所安全管理规定，运行人员有权责令其离开变电所。

九、安全用具的使用与保管

（1）各种安全用具应专柜存放，建立台账，有明显的编号。绝缘杆和验电器还应标明使用电压和节数。

（2）在交接班和使用前应认真检查安全用具，发现损坏者应停止使用，并尽快更新。

（3）安全用具均应按周期进行试验，不得超期使用。

（4）携带型地线的数量应能满足本所需要。导线应无断股、卡子应无毁坏和松动。存放地点和地线本体均有编号，要按位存放。

（5）标示牌种类齐全、存放有序，安全帽、安全带、临时围绳完好，数量能满足工作需要。

十、其他规定

（1）变电所应有可靠的事故照明。

（2）变电所应有与上级变电所联系的专用录音电话。

（3）变电所应制订输油气站油气泄漏、着火等事故情况下电气操作的应急预案。

（4）室内装有 SF_6 设备的变电所，电气工作人员进行巡视、维修、充气等项工作时，应提前通风 15min。

第三节　设　备　管　理

一、设备管理一般要求

（1）设备大清扫，每年至少一次，对污秽严重地区的设备，各单位根据情况增加清扫次数。

（2）二次线每年进行一次清扫和接线端子紧固。

（3）设备检修后加强巡检，使用测温仪器监测。

（4）按季节性特点及时做好防雷电、防汛、防风沙、防寒的各项工作。

（5）变电所设备室的通风设备应运行良好。

（6）变电所设备应按照检修规程要求进行检修工作。

（7）按预防性试验规程要求开展预防性试验检修，试验仪器仪表应定期校验。

二、设备缺陷管理

电气技术员负责本所设备缺陷管理,管理内容如下:
(1) 及时了解和掌握本单位管辖设备的全部缺陷和缺陷的处理情况。
(2) 设备缺陷应及时登记、汇报,并有处理意见和措施。
(3) 协助维修单位制订消除缺陷的措施,督促及时消除危急、严重的缺陷,有计划地处理一般缺陷。
(4) 缺陷分类的一般原则如下:
① 危急:设备和建筑物发生了直接威胁安全生产,需要紧急进行处理的缺陷;
② 严重:设备发生问题,程度较重,还可以暂时运行的缺陷;
③ 一般:设备问题较轻,对安全运行影响不大的缺陷。
(5) 发现危急或严重缺陷后,应立即上报。
(6) 一般缺陷每月上报一次,以便安排处理。
(7) 消除缺陷工作应列入各单位月度生产计划。对危急、严重或有普遍性的缺陷要及时研究对策,制订措施,尽快消除。
(8) 缺陷消除时间应严格限定,对危急缺陷要在发现后立即处理。严重缺陷应尽快安排处理。一般缺陷视实际情况,在季度内安排处理。

三、备品备件管理

(1) 变电所主要设备应有必要的备品备件,以保证设备维检修的需要。可根据生产运行消耗情况和设备厂家的相关要求确定配备数量。
(2) 变电所综合自动化保护系统的综合保护装置应配备备件,以便于故障损坏时,及时恢复生产。
(3) 对于生产加工难度大、采购周期长、对供电运行影响较大的备件,应纳入储备类备品备件管理,要及时制订配件计划,组织进货和存储。
(4) 对于易耗品类的备件也要随时补充,对可修复重新使用的配件,可以修复后作为备件使用。

四、调压及无功补偿设备的管理

(1) 应对所内无功补偿装置及调压装置进行调测、监视。
(2) 加强电容器组的维护与管理,按照功率因数的规定值投、切电容器组,并做好记录。
(3) 变压器分接头调整应按有关规定执行,有载调压变压器分接头执行 DL/T 574《变压器分接开关运行维修导则》,并报上级主管部门。

第四节 事故处理

一、处理事故的主要原则

(1) 不扩大事故范围,消除事故的根源并解除对人身和电气设备的危害。

(2)尽量保持继续供电以保证输油(气)生产不间断。

(3)在处理事故时,所内用电和直流电源应保证供电。

(4)发生电气事故后,应做好安全措施,组织抢救伤员,做好现场记录,汇报上级主管部门,处理事故,尽快恢复供电。

(5)配合有关部门进行事故调查,如实提供现场情况并写出事故原始材料,上报有关部门。

(6)对事故进行分析总结,按照要求进行举一反三,对有关人员进行安全经验分享,避免类似事故再次发生。

二、事故处理要求

(1)根据表计指示、继电保护动作情况,对设备检查的结果,迅速正确地判断事故的全面情况,并做好记录。

(2)迅速进行必要的检查和试验,判明事故的地点、范围和性质,在排除故障设备后,恢复其他设备的正常运行,保证输油(气)生产。

三、终止累计安全运行天数的电气事故

(1)发生越级跳闸,造成电力系统事故。

(2)发生人身重伤、死亡事故。

(3)由于误操作造成全所停电,影响生产造成较大经济损失。

(4)由于责任事故,主要电气设备(主变压器、断路器、变频调速装置、高压电动机等)严重损坏的事故。

第三章　电气设备预防性试验基础知识

第一节　电气设备预防性试验概述

电气设备预防性试验是指对已投入运行的设备按规定的试验条件(如规定的试验设备、环境条件、试验方法和试验电压等)、试验项目、试验周期所进行的定期检查或试验,以发现运行中电气设备的隐患、预防发生事故或电气设备损坏。它是判断电气设备能否继续投入运行并保证安全运行的重要措施。电气设备预防性试验方法按照对电气设备绝缘的危险性、停电与否和测量的信息进行分类。

第二节　电气设备预防性试验方法分类

一、按对电气设备绝缘的危险性分类

1. 非破坏性试验

在较低电压(低于或接近额定电压)下进行的试验称为非破坏性试验。主要指测量绝缘电阻、泄漏电流和介质损耗因数等电气试验项目。由于这类试验施加的电压较低,故不会损伤电气设备的绝缘性能,其目的是判断绝缘状态,及时发现可能的劣化现象。

2. 破坏性试验

在高于工作电压下所进行的试验称为破坏性试验。试验时,在电气设备绝缘上施加规定的试验电压,考验对此电压的耐受能力,因此也叫耐压试验。它主要是指交流耐压和直流耐压试验,由于这类试验所加电压较高,考验比较直接和严格,但也有可能在试验过程中给绝缘造成一定的损伤,因此称为破坏性试验。

二、按停电与否分类

1. 常规停电预防性试验

这就是通常所说的预防性试验。

2. 在线监测

它是指在不影响电气设备运行的条件下,即不停电对电气设备的运行工况(或)健康状况连续或定时进行的监测,通常是自动进行的。它是预防性试验的重要组成部分,是发展的最高形式。

三、按测量的信息分类

1. 电气法

电气法是指测量各种电信息的方法。如测量泄漏电流、介质损耗因数 $\tan\delta$ 等。

2. 非电气法

非电气法是指测量各种非电信息的方法。如油中溶解气体色谱分析和油中含水量测定等。

第二部分　电气技术管理及相关知识

第四章　电气安全管理

第一节　高压电气设备上工作的基本要求

一、一般安全要求

（1）运行人员应熟悉电气设备。

（2）高压设备符合下列条件者，可由单人值班或单人操作：

① 室内高压设备的隔离室设有遮栏，遮栏的高度在 1.7m 以上，安装牢固并加锁者。

② 室内高压断路器（开关）的操动机构（操作机构）用墙或金属板与该断路器（开关）隔离或装有远方操动机构（操作机构）者。

（3）无论高压设备是否带电，工作人员不得单独移开或越过遮栏进行工作；若有必要移开遮栏时，应有监护人在场，并符合表 4-1-1 的安全距离。

表 4-1-1　设备不停电时的安全距离

电压等级(kV)	安全距离(m)
≤10	0.70
35	1.00
66, 110	1.50

（4）10(6)kV 和 35kV 户外（内）配电装置的裸露部分在跨越人行过道或作业区时，若导电部分对地高度分别小于表 4-1-2 的安全距离，该裸露部分两侧和底部应装设护网。

表 4-1-2　户外（内）配电装置的裸露部分在跨越人行过道或作业区时对地安全高度

电压等级(kV)	对地安全高度(m)	
	户外	户内
10(6)	2.7	2.5
35	2.9	2.6

（5）户外 10kV 及以上高压配电装置场所的行车通道上，应根据表 4-1-3 设置行车安全限高标识。

表 4-1-3　车辆(包括装载物)外廓至无遮栏带电部分之间的安全距离

电压等级(kV)	安全距离(m)
10	0.95
35	1.15
66	1.40
110	1.65(1.75)

注：括号内数字为 110kV 中性点不接地系统所使用。

(6) 室内母线分段部分、母线交叉部分及部分停电检修易误碰带电设备处，应设有明显标志的永久性隔离挡板(护网)。

(7) 待用间隔(母线连接排、引线已接上母线的备用间隔)应有名称、编号，并列入运行管辖范围。其隔离开关(刀闸)操作手柄、网门应加锁。

(8) 在手车开关拉出后，应观察隔离挡板是否可靠封闭。封闭式组合电器引出电缆备用孔或母线的终端备用孔应用专用器具封闭。

(9) 运行中的高压设备其中性点接地系统的中性点应视作带电体，在运行中若必须进行中性点接地点断开的工作时，应先建立有效的旁路接地才可进行断开工作。

(10) 在高压设备上工作，应至少由两人进行，并完成保证安全的组织措施和技术措施。

二、高压设备的巡视

(1) 经本单位批准允许单独巡视高压设备的人员巡视高压设备时，不准进行其他工作，不准移开或越过遮栏。

(2) 雷雨天气，需要巡视室外高压设备时，应穿绝缘靴，并不准靠近避雷器和避雷针。

(3) 当火灾、地震、台风、冰雪、洪水、泥石流、沙尘暴等灾害发生，如需要对设备进行巡视时，应采取安全措施，得到设备运行单位分管领导批准，并至少两人一组，巡视人员应与派出部门之间保持通信联络。

(4) 高压设备发生接地时，室内不准接近故障点 4m 以内，室外不准接近故障点 8m 以内。进入上述范围人员应穿绝缘靴，接触设备的外壳和构架时，应戴绝缘手套。

(5) 巡视室内设备，应随手关门。

(6) 高压室的钥匙至少应有 3 把，由运行人员负责保管，按值移交。一把专供紧急时使用，一把专供运行人员使用，其他用于借给经批准的巡视高压设备人员和经批准的检修、施工队伍的工作负责人使用，但应登记签名，巡视或当日工作结束后交还。

三、倒闸操作

(1) 倒闸操作应根据值班调度员或运行值班负责人的指令，受令人复诵无误后执行。发布指令应准确、清晰，使用规范的调度术语和设备双重名称，即设备名称和编号。发令人和受令人应先互报单位和姓名，发布指令的全过程(包括对方复诵指令)和听取指令的报告时双方都要录音并做好记录。操作人员及监护人应了解操作目的和操作顺序。对指令有疑问时应向发令人询问清楚，无误后执行。

(2) 倒闸操作可以通过就地操作、遥控操作完成。遥控操作的设备应具备相应技条件。

（3）倒闸操作应由两人进行，由对设备较为熟悉者监护。复杂操作由主值班人操作，由电气技术员监护。

（4）倒闸操作的基本条件：

① 有与现场一次设备和实际运行方式相符的一次系统模拟图（包括各种电子接线图）。

② 操作设备应具有明显的标识，包括名称、编号、分合指示、旋转方向、切换位置的指示及设备相色。

③ 高压电气设备都应安装完善的防误操作闭锁装置。防误操作闭锁装置不得随意退出运行，停用防误操作闭锁装置应经本单位分管生产的领导批准。短时间退出防误操作闭锁装置时，应经生产站长批准，并应按程序尽快投入。

④ 有值班调度员、运行值班负责人正式发布的指令，并使用经事先审核合格的操作票。

（5）下列情况应加挂机械锁：

① 未装防误操作闭锁装置或闭锁装置失灵的刀闸手柄、网门。

② 当电气设备处于冷备用时，网门闭锁失去作用时的有电间隔网门。

③ 设备检修时，回路中的各来电侧刀闸操作手柄和电动操作刀闸机构箱的箱门。

（6）倒闸操作的基本要求：

① 停电拉闸操作应按照断路器（开关）—负荷侧隔离开关（刀闸）—电源侧隔离开关（刀闸）的顺序依次进行，送电合闸操作应按与上述相反的顺序进行。禁止带负荷拉合隔离开关（刀闸）。

② 开始操作前，应先在模拟图（或微机防误装置、微机监控装置）上进行核对性模拟预演，无误后，再进行操作。操作前应先核对系统方式、设备名称、编号和位置，操作中应认真执行监护复诵制度。操作过程中应按操作票填写的顺序逐项操作。每操作完一步，应检查无误后做一个"√"记号，全部操作完毕后进行复查。

③ 监护操作时，操作人在操作过程中不准有任何未经监护人同意的操作行为。

④ 操作中发生疑问时，应立即停止操作并向发令人报告。待发令人再行许可后，方可进行操作。不准擅自更改操作票，不准随意解除闭锁装置。单人操作、检修人员在倒闸操作过程中禁止解锁。如需解锁，应待增派运行人员到现场，履行解锁手续方可处理。解锁工具（钥匙）使用后应及时封存。

⑤ 电气设备操作后的位置检查应以设备实际位置为准，无法看到实际位置时，可通过设备机械位置指示、电气指示、带电显示装置、仪表及各种遥测、遥信等信号的变化来判断。判断时，应有两个及以上的指示，且所有指示均已同时发生对应变化，才能确认该设备已操作到位。以上检查项目应填写在操作票中作为检查项。

⑥ 用绝缘棒拉合隔离开关（刀闸）、高压熔断器或经传动机构拉合断路器（开关）和隔离开关（刀闸），均应戴绝缘手套。雨天操作室外高压设备时，绝缘棒应有防雨罩，还应穿绝缘靴。接地网电阻不符合要求的，晴天也应穿绝缘靴。雷电时，一般不进行倒闸操作，禁止在就地进行倒闸操作。

⑦ 装卸高压熔断器，应戴护目眼镜和绝缘手套，必要时使用绝缘夹钳，并站在绝缘垫或绝缘台上。

⑧ 断路器（开关）遮断容量应满足电网要求。如遮断容量不够，应将操动机构（操作机

构)用墙或金属板与该断路器(开关)隔开,应进行远方操作,重合闸装置应停用。

⑨ 电气设备停电后(包括事故停电),在未拉开有关隔离开关(刀闸)和做好安全措施前,不得触及设备或进入遮栏,以防突然来电。

⑩ 单人操作时不得进行登高或登杆操作。

在发生人身触电事故时,可以不经许可,即行断开有关设备的电源,但事后应立即报告调度(或设备运行管理单位)和上级部门。

(7) 操作票。

① 倒闸操作由操作人员填写操作票。

② 操作票应用黑色或蓝色的钢(水)笔或圆珠笔逐项填写。用计算机开出的操作票应严格进行审查并与手写票面统一;操作票票面应清楚整洁,不得任意涂改。操作票应填写设备的双重名称。操作人和监护人应根据模拟图或接线图核对所填写的操作项目,并手写签名,然后经运行值班负责人(检修人员操作时由工作负责人)审核签名。每张操作票只能填写一个操作任务。

③ 下列项目应填入操作票内:

a. 应拉合的设备[断路器(开关)、隔离开关(刀闸)、接地刀闸(装置)等],验电、装拆接地线,合上(安装)或断开(拆除)控制回路或电压互感器回路的空气开关、熔断器、切换保护回路和自动化装置及检验是否确无电压等。

b. 拉合设备[断路器(开关)、隔离开关(刀闸)、接地刀闸(装置)等]后检查设备的位置。

c. 进行停、送电操作时,在拉合隔离开关(刀闸)、手车式开关拉出、推入前,检查断路器(开关)确在分闸位置。

d. 在进行倒负荷或解、并列操作前后,检查相关电源运行及负荷分配情况。

e. 设备检修后合闸送电前,检查并确保送电范围内接地刀闸(装置)已拉开,接地线已拆除。

④ 下列各项工作可以不用操作票:

a. 事故应急处理。

b. 拉合断路器(开关)的单一操作。

上述操作在完成后应做好记录,事故应急处理应保存原始记录。

⑤ 同一变电所的操作票应事先连续编号,计算机生成的操作票应在正式出票前连续编号,操作票按编号顺序使用。作废的操作票,应注明"作废"字样,未执行的应注明"未执行"字样,已操作的应注明"已执行"字样。操作票应保存一年。

四、全部停电的工作

全部停电的工作,系指室内高压设备全部停电(包括架空线路与电缆引入线在内),并且通至邻接高压室的门全部闭锁,以及室外高压设备全部停电(包括架空线路与电缆引入线在内)。

五、部分停电的工作

部分停电的工作,系指高压设备部分停电,或室内虽全部停电,而通至邻接高压室的门并未全部闭锁。

六、不停电工作

(1) 工作本身不需要停电并且不可能触及导电部分的工作。

(2) 可在带电设备外壳上或导电部分上进行的工作。

第二节　保证安全的组织措施和技术措施

一、保证安全的组织措施

在电气设备上工作，保证安全的组织措施有：工作票制度，工作许可制度，工作监护制度，工作间断、转移和终结制度。

1. 工作票制度

(1) 在电气设备上的工作，应填用工作票，其方式有以下两种：

① 填用电气第一种工作票。

② 填用电气第二种工作票。

(2) 填用电气第一种工作票的工作为：

① 高压设备上工作需要全部停电或部分停电者。

② 二次系统和照明等回路上的工作，需要将高压设备停电者或做安全措施者。

③ 高压电力电缆需停电的工作。

④ 其他工作需要将高压设备停电或要做安全措施者。

(3) 填用电气第二种工作票的工作为：

① 控制盘和低压配电盘、配电箱、电源干线上的工作。

② 二次系统和照明等回路上的工作，无需将高压设备停电者或做安全措施者。

③ 转动中的高压电动机转子电阻回路上的工作。

④ 非运行人员用绝缘棒、核相器和电压互感器定相或用钳型电流表测量高压回路的电流。

⑤ 大于表 4-1-1 规定距离的相关场所和带电设备外壳上的工作以及无可能触及带电设备导电部分的工作。

⑥ 高压电力电缆不需停电的工作。

(4) 工作票的填写与签发：

① 工作票应使用黑色或蓝色的钢（水）笔或圆珠笔填写与签发，一式两份，内容应正确，填写应清楚，不得任意涂改。如有个别错、漏字需要修改，应使用规范的符号，字迹应清楚。

② 用计算机生成或打印的工作票应使用统一的票面格式，由工作票签发人审核无误，手写签名后方可执行。

③ 工作票一份应保存在工作地点，由工作负责人收执；另一份由工作许可人收执，按值移交。工作许可人应将工作票的编号、工作任务、许可及终结时间记入登记簿。

④ 一张工作票中，工作票签发人、工作负责人和工作许可人三者不得互相兼任。

⑤ 工作票由工作负责人填写,也可以由工作票签发人填写。
⑥ 工作票由设备运行单位签发,也可由经设备运行单位审核合格且经批准的修试及基建单位签发。修试及基建单位的工作票签发人及工作负责人名单应事先送有关设备运行单位备案。

(5) 工作票的使用:
① 一个工作负责人不能同时执行多张工作票,工作票上所列的工作地点,以一个电气连接部分为限。一个电气连接部分是指电气装置中可以用隔离开关同其他电气装置分开的部分。
② 一张工作票上所列的检修设备应同时停、送电,开工前工作票内的全部安全措施应一次完成。若至预定时间,一部分工作尚未完成,需继续工作而不妨碍送电者,在送电前,应按照送电后现场设备带电情况,办理新的工作票,布置好安全措施后,方可继续工作。
③ 若以下设备同时停、送电,可使用同一张工作票:
a. 属于同一电压、位于同一平面场所,工作中不会触及带电导体的几个电气连接部分。
b. 一台变压器停电检修,其断路器也配合检修。
c. 全站停电。
d. 同一变电所内在几个电气连接部分上依次进行不停电的同一类型的工作,可以使用一张第二种工作票。
e. 需要变更工作班成员时,应经工作负责人同意,在对新的作业人员进行安全交底手续后,方可进行工作。非特殊情况不得变更工作负责人,如确需变更工作负责人,应由工作票签发人同意并通知工作许可人,工作许可人将变动情况记录在工作票上。工作负责人允许变更一次。原、现工作负责人应对工作任务和安全措施进行交接。
f. 在原工作票的停电及安全措施范围内增加工作任务时,应由工作负责人征得工作票签发人和工作许可人同意,并在工作票上增填工作项目。若需变更或增设安全措施者应填用新的工作票,并重新履行签发许可手续。
g. 第一种工作票应在工作前一日送达运行人员,可直接送达或通过传真、局域网传送,但传真传送的工作票许可应待正式工作票到达后履行。临时工作可在工作开始前直接交给工作许可人。第二种工作票可在进行工作的当天预先交给工作许可人。
h. 工作票有破损不能继续使用时,应补填新的工作票,并重新履行签发许可手续。

(6) 工作票的有效期与延期:
① 第一种和第二种工作票的有效时间,以批准的检修期为限。
② 第一种和第二种工作票需办理延期手续,应在工期尚未结束以前由工作负责人向运行值班负责人提出申请,由运行值班负责人通知工作许可人给予办理。第一种和第二种工作票只能延期一次。

(7) 工作票所列人员的基本条件:
① 工作票的签发人应是熟悉人员技术水平、熟悉设备情况、熟悉电气安全工作规程,并具有相关工作经验的生产领导、技术人员或经本单位分管生产领导批准的人员。工作票签发人员名单应书面公布。
② 工作负责人(监护人)应是具有相关工作经验,熟悉设备情况和电气安全工作规程,经所属单位生产领导书面批准的人员。工作负责人还应熟悉工作班成员的工作能力。

③ 工作许可人应是所属单位生产领导书面批准的有一定工作经验的运行人员或检修操作人员。

④ 专责监护人应是具有相关工作经验，熟悉设备情况和电气安全工作规程的人员。

(8) 工作票所列人员的安全责任：

① 工作票签发人：

a. 工作必要性和安全性。

b. 工作票上所填安全措施是否正确完备。

c. 所派工作负责人和工作班人员是否适当和充足。

② 工作负责人（监护人）：

a. 正确安全地组织工作。

b. 负责检查工作票所列安全措施是否正确完备，是否符合现场实际条件，必要时予以补充。

c. 工作前对工作班成员进行危险点告知，交待安全措施和技术措施，并确认每一个工作班成员都已清楚相关风险。

d. 严格执行工作票所列安全措施。

e. 督促、监护工作班成员遵守电气安全工作规程，正确使用劳动防护用品和执行现场安全措施。

f. 工作班成员精神状态是否良好，变动是否合适。

③ 工作许可人：

a. 负责审查工作票所列安全措施是否正确、完备，是否符合现场条件。

b. 工作现场布置的安全措施是否完善，必要时予以补充。

c. 负责检查检修设备有无突然来电的危险。

d. 对工作票所列内容即使发生很小的疑问，也应向工作票签发人询问清楚，必要时应要求作详细补充。

④ 专责监护人：

a. 明确被监护人员和监护范围。

b. 工作前对被监护人员交待安全措施，告知危险点和安全注意事项。

c. 监督被监护人员遵守电气安全工作规程和现场安全措施，及时纠正不安全行为。

⑤ 工作班成员：

a. 熟悉工作内容、工作流程，掌握安全措施，明确工作中的危险点，并履行确认手续。

b. 严格遵守安全规章制度、技术规程和劳动纪律，对自己在工作中的行为负责，互相关心工作安全，并监督电气安全工作规程的执行和现场安全措施的实施。

c. 正确使用安全工器具和劳动防护用品。

2. 工作许可制度

(1) 工作许可人在完成施工现场的安全措施后，还应完成以下手续，工作班方可开始工作：

① 会同工作负责人到现场再次检查所做的安全措施，对具体的设备指明实际的隔离措施，证明检修设备确无电压。

② 对工作负责人指明带电设备的位置和注意事项。

③ 和工作负责人在工作票上分别确认、签名。

(2) 运行人员不得变更有关检修设备的运行接线方式。工作负责人、工作许可人任何一方不得擅自变更安全措施，工作中如有特殊情况需要变更时，应先取得对方的同意并及时恢复。变更情况及时记录在值班日志内。

3. 工作监护制度

(1) 工作许可手续完成后，工作负责人、专责监护人应向工作班成员交待工作内容、人员分工、带电部位和现场安全措施，进行危险点告知，并履行确认手续，工作班方可开始工作。工作负责人、专责监护人应始终在工作现场，对工作班人员的安全认真监护，及时纠正不安全的行为。

(2) 所有工作人员(包括工作负责人)不许单独进入、滞留在高压室和室外高压设备区内。若工作需要(如测量极性、回路导通试验、光纤回路检查等)，而且现场设备允许时，可以准许工作班中有实际经验的一个人或几个人同时在其他室内进行工作，但工作负责人应在事前将有关安全注意事项予以详尽的告知。

(3) 工作负责人在全部停电时，可以参加工作班工作。在部分停电时，只有在安全措施可靠，人员集中在一个工作地点，不致误碰有电部分的情况下，方能参加工作。工作票签发人或工作负责人，应根据现场的安全条件、施工范围、工作需要等具体情况，增设专责监护人和确定被监护的人员。专责监护人不得兼做其他工作。专责监护人临时离开时，应通知被监护人员停止工作或离开工作现场，待专责监护人回来后方可恢复工作。若专责监护人必须长时间离开工作现场时，应由工作负责人变更专责监护人，履行变更手续，并告知全体被监护人员。

(4) 工作期间，工作负责人若因故暂时离开工作现场时，应指定能胜任的人员临时代替，离开前应将工作现场情况交待清楚，并告知工作班成员。原工作负责人返回工作现场时，也应履行同样的交接手续。若工作负责人必须长时间离开工作现场时，应由原工作票签发人变更工作负责人，履行变更手续，并告知全体工作员及工作许可人。原、现工作负责人应做好必要的交接。

4. 工作间断、转移和终结制度

(1) 工作间断时，工作班人员应从工作现场撤出，所有安全措施保持不动，工作票仍由工作负责人执存，间断后继续工作，无需通过工作许可人。每日收工，应清扫工作地点，开放已封闭的通道，并将工作票交回运行人员。次日复工时，应得到工作许可人的许可，取回工作票，工作负责人应重新认真检查安全措施是否符合工作票的要求，并召开现场站班会后，方可工作。若无工作负责人或专责监护人带领，作业人员不得进入工作地点。

(2) 在未办理工作票终结手续以前，任何人员不准将停电设备合闸送电。

在工作间断期间，若有紧急需要，运行人员可在工作票未交回的情况下合闸送电，但应先通知工作负责人，在得到工作班全体人员已经离开工作地点、可以送电的答复后方可执行，并应采取下列措施：

① 拆除临时遮栏、接地线和标识牌，恢复常设遮栏，换挂"止步，高压危险！"的标识牌。

② 应在所有道路派专人守候，以便告诉工作班人员"设备已经合闸送电，不得继续工作"。守候人员在工作票未交回以前，不得离开守候地点。

(3) 检修工作结束以前，若需将设备试加工作电压，应按下列条件进行：

① 全体工作人员撤离工作地点。

② 将该系统的所有工作票收回，拆除临时遮栏、接地线和标识牌，恢复常设遮栏。

③ 应在工作负责人和运行人员进行全面检查无误后，由运行人员进行加压试验。

工作班若需继续工作时，应重新履行工作许可手续。

（4）在同一电气连接部分用同一工作票依次在几个工作地点转移工作时，全部安全措施由运行人员在开工前一次做完，不需再办理转移手续。但工作负责人在转移工作地点时，应向工作人员交待带电范围、安全措施和注意事项。

（5）全部工作完毕后，工作班应清扫、整理现场。工作负责人应先周密地检查，待全体工作人员撤离工作地点后，再向运行人员交待所修项目、发现的问题、试验结果和存在问题等，并与运行人员共同检查设备状况、状态，有无遗留物件，是否清洁等，然后在工作票上填明工作结束时间。经双方签名后，表示工作终结。待工作票上的临时遮栏已拆除，标识牌已取下，已恢复常设遮栏，未拆除的接地线、未拉开的接地刀闸（装置）等设备运行方式已汇报调度，工作票方告终结。

（6）只有在同一停电系统的所有工作票都已终结，并得到值班调度员或运行值班负责人的许可指令后，方可合闸送电。

（7）已终结的工作票应保存 1 年。

二、保证安全的技术措施

在电气设备上工作，保证安全的技术措施：停电、验电、接地、悬挂标识牌和装设遮栏（围栏）。

1. 停电

（1）工作地点，应停电的设备如下：

① 检修的设备。

② 与工作人员在进行工作中正常活动范围的距离小于表 4-2-1 规定的设备。

表 4-2-1 工作人员工作中正常活动范围与设备带电部分的安全距离

电压等级（kV）	安全距离（m）
≤10	0.35
35	0.60
66，110	1.50

③ 在 35kV 及以下的设备处工作，安全距离虽大于表 4-2-1 规定，但小于表 4-1-1 规定，同时又无绝缘隔板、安全遮栏措施的设备。

④ 带电部分在工作人员后面、两侧、上下，且无可靠安全措施的设备。

⑤ 其他需要停电的设备。

（2）检修设备停电，应把各方面的电源完全断开（任何运行中的星形接线设备的中性点，应视为带电设备）。禁止在只经断路器（开关）断开电源的设备上工作。应拉开隔离开关（刀闸），手车开关应拉至试验或检修位置，应使各方面有一个明显的断开点，若无法观察到停电设备的断开点，应有能够反映设备运行状态的电气和机械等指示。与停电设备有关的变压器和电压互感器，应将设备各侧断开，防止向停电检修设备反送电。

（3）检修设备和可能来电侧的断路器（开关）、隔离开关（刀闸）应断开控制电源和合闸电源，隔离开关（刀闸）操作把手应锁住，确保不会误送电。

（4）对难以做到与电源完全断开的检修设备，可以拆除设备与电源之间的电气连接。

2. 验电

（1）验电时，应使用相应电压等级、合格的接触式验电器，在装设接地线或合接地刀闸（装置）处对各相分别验电。验电前，应先在有电设备上进行试验，确证验电器良好；无法在有电设备上进行试验时可用工频高压发生器等确证验电器良好。

（2）在进行高压验电时应戴绝缘手套。验电器的伸缩式绝缘棒长度应拉足，验电时手应握在手柄处不得超过护环，人体应与验电设备保持表 4-1-1 中规定的距离。雨雪天气时不得进行室外直接验电。

（3）对无法进行直接验电的设备、雨雪天气时的户外设备，可以进行间接验电，即通过设备的机械指示位置、电气指示、带电显示装置、仪表及各种遥测、遥信等信号的变化来判断。判断时，应有两个及以上的指示，且所有指示均已同时发生对应变化，才能确认该设备已无电；若进行遥控操作，则应同时检查隔离开关（刀闸）的状态指示、遥测、遥信信号及带电显示装置的指示进行间接验电。

（4）表示设备断开和允许进入间隔的信号、经常接入的电压表等，如果指示有电，则禁止在设备上工作。

3. 接地

（1）装设接地线应由两人进行（经批准可以单人装设接地线的项目及运行人员除外）。

（2）当验明设备确已无电压后，应立即将检修设备接地并三相短路。电缆及电容器接地前应逐相充分放电，星形接线电容器的中性点应接地、串联电容器及与整组电容器脱离的电容器应逐个多次放电，装在绝缘支架上的电容器外壳也应放电。

（3）对于可能送电至停电设备的各方面都应装设接地线或合上接地刀闸（装置），所装接地线与带电部分应考虑接地线摆动时仍符合安全距离的规定。

（4）对于因平行或邻近带电设备导致检修设备可能产生感应电压时，应加装工作接地线或使用个人保安线，加装的接地线应登记在工作票上，个人保安线由工作人员自装自拆。

（5）在门型构架的线路侧进行停电检修，如工作地点与所装接地线的距离小于 10m，工作地点虽在接地线外侧，也可不另装接地线。

（6）检修部分若分为几个在电气上不相连接的部分〔如分段母线以隔离开关（刀闸）或断路器（开关）隔开分成几段〕，则各段应分别验电接地短路。降压变电所全部停电时，应将各个可能来电侧的部分接地短路，其余部分不必每段都装设接地线或合上接地刀闸（装置）。

（7）接地线、接地刀闸与检修设备之间不得连有断路器（开关）或熔断器。

若由于设备原因，接地刀闸与检修设备之间连有断路器（开关），在接地刀闸和断路器（开关）合上后，应有保证断路器（开关）不会分闸的措施。

（8）在配电装置上，接地线应装在该装置导电部分的规定地点，这些地点的油漆应刮去，并划有黑色标记。所有配电装置的适当地点，均应设有与接地网相连的接地端，接地电阻应合格。接地线应采用三相短路式接地线，若使用分相式接地线时，应设置三相合一的接地端。

（9）装设接地线应先接接地端，后接导体端，接地线应接触良好，连接应可靠。拆接地线的顺序与此相反。装、拆接地线均应使用绝缘棒和戴绝缘手套。人体不得碰触接地线或未接地的导线,以防止发生触电事故。带接地线拆设备接头时,应采取防止接地线脱落的措施。

(10) 成套接地线应用有透明护套的多股软铜线组成,其截面不得小于 25mm²,同时应满足装设地点短路电流的要求。禁止使用其他导线作接地线或短路线。接地线应使用专用的线夹固定在导体上,禁止用缠绕的方法进行接地或短路。

(11) 禁止工作人员擅自移动或拆除接地线。高压回路上的工作,必须要拆除全部或一部分接地线后始能进行工作者,如测量母线和电缆的绝缘电阻、测量线路参数时,检查断路器(开关)触头是否同时接触,如:

① 拆除一相接地线。
② 拆除接地线,保留短路线。
③ 将接地线全部拆除或拉开接地刀闸(装置)。

上述工作应征得运行人员的许可(根据调度员指令装设的接地线,应征得调度员的许可),方可进行。工作完毕后立即恢复。

(12) 每组接地线均应编号,并存放在固定地点。存放位置亦应编号,接地线号码与存放位置号码应一致。

(13) 装、拆接地线,应做好记录,交接班时应交待清楚。

4. 悬挂标识牌和装设遮栏(围栏)

(1) 在一经合闸即可送电到工作地点的断路器(开关)和隔离开关(刀闸)的操作把手上,均应悬挂"禁止合闸,有人工作!"的标识牌。如果线路上有人工作,应在线路断路器(开关)和隔离开关(刀闸)操作把手上悬挂"禁止合闸,线路有人工作!"的标识牌。

对由于设备原因,接地刀闸与检修设备之间连有断路器(开关),在接地刀闸和断路器(开关)合上后,在断路器(开关)操作把手上,应悬挂"禁止分闸!"的标识牌。在显示屏上进行操作的断路器(开关)和隔离开关(刀闸)的操作处均应相应设置"禁止合闸,有人工作!"或"禁止合闸,线路有人工作!"以及"禁止分闸!"的标识牌。

(2) 部分停电的工作,安全距离小于表 4-1-1 规定距离以内的未停电设备,应装设临时遮栏,临时遮栏与带电部分的距离不得小于表 4-2-1 的规定数值,临时遮栏可用干燥木材、橡胶或其他坚韧绝缘材料制成,装设应牢固,并悬挂"止步,高压危险!"的标识牌。35kV 及以下设备的临时遮栏,如因工作特殊需要,可用绝缘隔板与带电部分直接接触。绝缘隔板的绝缘性能应符合本章第三节"四、电气安全用具的检验"要求。

(3) 在室内高压设备上工作,应在工作地点两旁及对面运行设备间隔的遮栏(围栏)上和禁止通行的过道遮栏(围栏)上悬挂"止步,高压危险!"的标识牌。

(4) 高压开关柜内手车开关拉出后,隔离带电部位的挡板封闭后禁止开启并设置"止步,高压危险!"的标识牌。

(5) 在室外高压设备上工作,应在工作地点四周装设围栏,其出入口要围至临近道路旁边,并设有"从此进出!"的标识牌。工作地点四周围栏上悬挂适当数量的"止步,高压危险!"标识牌,标识牌应朝向围栏里面。若室外配电装置的大部分设备停电,只有个别地点保留有带电设备而其他设备无触及带电导体的可能时,可以在带电设备四周装设全封闭围栏,围栏上悬挂适当数量的"止步,高压危险!"标识牌,标识牌应朝向围栏外面。禁止越过围栏。

（6）在工作地点设置"在此工作！"的标识牌。

（7）在室外构架上工作，则应在工作地点邻近带电部分的横梁上，悬挂"止步，高压危险！"的标识牌。在工作人员上下铁架或梯子上，应悬挂"从此上下！"的标识牌。在邻近其他可能误登的带电构架上，应悬挂"禁止攀登，高压危险！"的标识牌。

（8）禁止工作人员擅自移动或拆除遮栏（围栏）、标识牌。因工作原因必须短时移动或拆除遮栏（围栏）、标识牌，应征得工作许可人同意，并在工作负责人的监护下进行。完毕后应立即恢复。

第三节　电气安全用具的管理

电气安全用具是保证电气操作人员安全地进行电气工作时必不可少的工具，它包括绝缘安全用具和一般防护用具。绝缘安全用具又分为两种：一是基本绝缘安全用具，是指那些绝缘强度在长期接触带电部分工作的情况下能可靠地承受设备工作电压的用具，如绝缘棒、绝缘夹钳、验电器等；二是辅助绝缘安全用具，是指那些用来进一步加强基本绝缘安全用具绝缘强度的用具，如绝缘手套、绝缘鞋、绝缘垫等。一般防护用具包括携带式接地线、隔离板、临时遮栏、各种安全工作标识牌、安全腰带等。

一、基本绝缘安全用具使用注意事项

1. 绝缘棒

绝缘棒用来操作高压跌落式熔断器、单极隔离开关、柱上断路器、装拆临时接地线等，使用绝缘棒时需要注意以下事项：

（1）操作前，棒表面应用清洁的干布擦拭干净，使棒表面干燥、清洁。

（2）操作时应戴绝缘手套、穿绝缘靴或站在绝缘垫（台）上。

（3）操作者的手握部分不得越过手握区。

（4）绝缘棒的规格型号必须符合规定，不可任意取用。

（5）在雨、雪或潮湿天气，室外使用绝缘棒时，棒上应装有防雨的伞形罩，使绝缘棒的伞下部分保持干燥，无伞形罩的绝缘棒，不宜在上述天气中使用。

（6）使用绝缘棒时注意防止碰撞，以免损坏表面的绝缘层，绝缘棒应放在干燥的地方和特制的架子上，不得与墙或地面接触，以免损伤绝缘表面。

（7）绝缘棒应按照规定进行定期绝缘试验。

2. 高压验电器

使用高压验电器验电时，应戴绝缘手套，使用高压验电器时需注意以下事项：

（1）进行高压验电时，在户内必须戴符合耐压要求的绝缘手套，在户外还应穿绝缘靴；不可一人单独验电，身旁要有人监护。

（2）验电前应根据额定电压选用合适的高压验电器。首先，按一下自检按钮，验电器应发出连续的间隙式声光信号，若没有信号则不得进行验电操作。

（3）操作人员必须手握手柄并使操作杆全部拉出定位后方可使用。

（4）在非全部停电的场合进行验电，应先将验电器在有电部位上测验，以确保安全。在

全部停电场合进行验电操作,应在停电前或其他有电场所进行预验,证明验电器完好才可使用。

(5) 验电时,应该渐渐移向近被测物体,在移近的过程中若有发光或发声指示,则应立即停止验电,注意不得直接接触带电部位。

(6) 户外使用时应在天气良好的条件下进行;不宜在雪、雨、雾及湿度较大的天气中,用高压验电器进行验电。

3. 绝缘夹钳

绝缘夹钳是在带电情况下,用来安装和拆卸高压保险器或执行其他类似工作的工具。使用绝缘夹钳时需注意以下事项:

(1) 操作前,绝缘夹钳表面应用清洁的干布擦拭干净,使夹钳表面干燥、清洁。

(2) 操作时应戴绝缘手套,穿绝缘靴及戴上防护眼镜,必须在切断负载的情况下进行操作。

(3) 在潮湿天气中,只能使用专门的防雨夹钳。

(4) 绝缘夹钳必须按规定进行定期试验。

二、辅助绝缘安全用具使用注意事项

1. 绝缘手套和绝缘靴(鞋)

绝缘手套和绝缘靴是由特殊的橡胶制成。绝缘靴的作用是使人体与地面绝缘,只能作为防止跨步电压触电的辅助安全用具,无论在什么工作电压下,都不能作为基本绝缘安全用具,也就是穿绝缘靴后,不能用手触及带电体。使用绝缘手套与绝缘靴时需注意以下事项:

(1) 使用前,应仔细检查,不能有破损和漏气现象。

(2) 它们作为辅助绝缘安全用具时,不能直接与电气设备的带电部位接触,只能与基本绝缘安全用具配合使用。

2. 绝缘垫

绝缘垫作为辅助绝缘安全用具,一般铺在配电室的地面上,以便在带电操作断路器或隔离开关时增强操作人员的对地绝缘,防止接触电压和跨步电压对人体的伤害。使用时应保持清洁,经常检查有无破洞、裂纹或损坏现象。

三、一般防护用具使用注意事项

一般防护用具包括携带式接地线、隔离板、临时遮栏、安全腰带、安全帽和各种安全工作标识牌等。

1. 携带式接地线

当高压设备停电检修或进行其他工作时,为了防止停电设备所产生的感应电压或检修设备的突然来电对人体的危害,需要使用携带式接地线将停电设备的三相电源短路接地,同时将设备上的残余电荷对地放掉。接地线使用的导线为多股铜线,截面积不应小于$25mm^2$,接地线要有统一编号,固定位置存放,存放位置统一编号,即"对号入座"。接地线的连接应用专用的线夹,禁止缠绕。

2. 隔离板、临时遮栏

在高压设备上进行部分停电工作时,为了防止工作人员走错位置,误入带电间隔或接近带电设备至危险距离，一般采用隔离板或临时遮栏进行防护。

隔离板用干燥的木板制成，高度一般不小于1.8m，下部边缘离地面不超过100mm，在板上有明显的警告标志"止步，高压危险！"标识牌。

临时遮栏是将线网或线绳固定在停电设备周围的铁棍上形成，高度不低于1.7m，下部边缘离地面不超过100mm。装设遮栏是为了限制工作人员的活动范围，防止他们接近或触及带电部分。部分停电的工作在未停电设备之间的安全距离小于表4-1-1规定值时，应装设临时遮栏。临时遮栏与带电部分的距离不能大于表4-3-1规定值，在临时遮栏上应悬挂"止步，高压危险！"的标识牌。

表4-3-1 临时遮栏与带电部分的距离

电压等级(kV)	安全距离(m)
10及以下	0.35
35	0.60
66、110	1.50

3. 安全腰带

安全腰带是防止高空作业时坠落的用具。用皮革、帆布或化纤材料制成。由大小两根带子组成，小的系在腰间，大的系在电杆或牢固的构架上，使用前要检查接头和挂钩完好。

4. 安全帽

安全帽是在作业时，为了防止高空坠落物砸落在人的头部或人体从高处坠落时伤害头部，对头部起保护作用的安全用具，安全帽应保证人的头部和帽体内顶部的空间至少为32mm才能使用。

5. 安全标识

1）安全色

安全色是表达安全信息含义的颜色，红色表示禁止、停止；蓝色表示指令，必须遵守的规定；黄色表示警告、注意；绿色表示安全状态、通行。

电气上常用黄色、绿色、红色三种颜色代表三相交流电的A、B、C三个相序；涂成红色的电器外壳表示其外壳带电；灰色的电器外壳表示其外壳接地或接零；线路上黑色代表工作零线；明敷设的扁钢或圆钢涂黑色；用黄绿双色绝缘导线代表保护零线。直流电中，棕色代表正极；蓝色代表负极；信号和告警回路用白色。

2）安全标识

根据国家有关标准规定，安全标识由安全色、几何图形和图形符号构成。分为禁止标识、警告标识、提示标识和指令标识四大类。

四、电气安全用具的检验

使用电气安全用具前应仔细检查其是否损坏、变形、失灵，发现受潮或表面有损伤、脏污时，应及时处理并经试验合格后方可使用。绝缘安全用具应定期进行电气试验，不合格的绝缘安全用具应及时检修或报废，不得继续使用，常用绝缘安全用具试验周期参考表4-3-2。

表 4-3-2 绝缘安全工器具试验项目、周期和要求

序号	器具	项目	周期	要求				说明
1	电容型验电器	启动电压试验	1年	启动电压值不高于额定电压的40%，不低于额定电压的15%				试验时接触电极应与试验电极相接触
		工频耐压试验	1年	额定电压(kV)	试验长度(m)	工频耐压(kV) 持续时间1min	工频耐压(kV) 持续时间5min	
				10	0.7	45	—	
				35	0.9	95	—	
				66	1.0	175	—	
				110	1.3	220	—	
				220	2.1	440	—	
				330	3.2	—	380	
				500	4.1	—	580	
2	携带型短路接地线	成组直流电阻试验	≤5年	在各接线鼻之间测量直流电阻，对于 25mm²，35mm²，50mm²，70mm²，95mm²和120mm²的各种截面，平均每米的电阻值应分别小于 0.79mΩ，0.56mΩ，0.40mΩ，0.28mΩ，0.21mΩ 和 0.16mΩ				同一批次抽测，不少于2条，接线鼻与软导线压接的应做该试验
		操作棒的工频耐压试验	5年	额定电压(kV)	试验长度(m)	工频耐压(kV) 持续时间1min	工频耐压(kV) 持续时间5min	试验电压加在护环与紧固头之间
				10	—	45	—	
				35	—	95	—	
				66	—	175	—	
				110	—	220	—	
				220	—	440	—	
				330	—	—	380	
				500	—	—	580	
3	个人保安线	成组直流电阻试验	≤5年	在各接线鼻之间测量直流电阻，对于10mm²，16mm² 和 25mm² 各种截面，平均每米的电阻值应小于 1.98mΩ，1.24mΩ 和 0.79mΩ				同一批次抽测，不少于2条
4	绝缘杆	工频耐压试验	1年	额定电压(kV)	试验长度(m)	工频耐压(kV) 持续时间1min	工频耐压(kV) 持续时间5min	
				10	0.7	45	—	
				35	0.9	95	—	
				66	1.0	175	—	
				110	1.3	220	—	
				220	2.1	440	—	
				330	3.2	—	380	
				500	4.1	—	580	

续表

序号	器具	项目	周期	要求				说明
5	核相器	连接导线绝缘强度试验	必要时	额定电压（kV）	工频耐压（kV）	持续时间（min）		浸在电阻率小于100Ω·m的水中
				10	8	5		
				35	28	5		
		绝缘部分工频耐压试验	1年	额定电压（kV）	试验长度（m）	工频耐压（kV）	持续时间（min）	
				10	0.7	45	1	
				35	0.9	95	1	
		电阻管泄漏电流试验	半年	额定电压（kV）	工频耐压（kV）	持续时间（min）	泄漏电流（mA）	
				10	10	1	≤2	
				35	35	1	≤2	
		动作电压试验	1年	最低动作电压应达0.25倍额定电压				
6	绝缘罩	工频耐压试验	1年	额定电压（kV）	工频耐压（kV）	持续时间（min）		
				6~10	30	1		
				35	80	1		
7	绝缘隔板	表面工频耐压试验	1年	额定电压（kV）	工频耐压（kV）	持续时间（min）		电极间距离300mm
				6~35	60	1		
		工频耐压试验	1年	额定电压（kV）	工频耐压（kV）	持续时间（min）		
				6~10	30	1		
				35	80	1		
8	绝缘胶垫	工频耐压试验	1年	电压等级	工频耐压（kV）	持续时间（min）		使用于带电设备区域
				高压	15	1		
				低压	3.5	1		
9	绝缘靴	工频耐压试验	半年	工频耐压（kV）	持续时间（min）	泄漏电流（mA）		
				15	1	≤7.5		
10	绝缘手套	工频耐压试验	半年	电压等级	工频耐压（kV）	持续时间（min）	泄漏电流（mA）	
				高压	8	1	≤9	
11	导电鞋	直流电阻试验	穿用≤200h	电阻值小于100kΩ				

续表

序号	器具	项目	周期	要求				说明
				额定电压（kV）	试验长度（m）	工频耐压（kV）	持续时间（min）	
12	绝缘夹钳	工频耐压试验	1年	10	0.7	45	1	
				35	0.9	95	1	
13	绝缘绳	工频耐压试验	半年	100kV/0.5m，持续时间5min				

第四节 锁 定 管 理

一、锁定管理的相关术语

1. 锁定

锁定是指在检维修作业状态下，为了防止误操作导致原油、成品油、天然气、电能等意外泄漏，对一经操作就会产生危险的设备用个人锁进行上锁，以保护作业人员人身安全；生产运行过程中，为了保护工艺系统、设备安全，对停用的装置设备、下游未投运的系统及需要上锁的阀门、电气开关进行上锁，通过对设备上锁及挂牌固定设备停用（开启）位置状态，以至设备不会被误开（关）。

2. 个人锁

个人锁是指在进行检维修作业时，为了防止误操作导致原油、成品油、天然气、电能等意外泄漏，对可能产生危险的设施由作业人员自己进行锁定所用的锁具。

3. 部门锁

部门锁是指在生产运行过程中或多工种配合维检修作业中，为防止误操作导致的系统危险或造成的人员伤害、设备损毁，对停用的装置、设备、下游未投运的系统及需要锁定的设施进行锁定所用的锁具。

二、锁定实施的过程

1. 个人锁锁定

1）个人锁锁定情况

（1）原则。在检维修作业时，为了防止误操作，对工艺介质（包括原油、成品油、天然气、残液、高压高温蒸汽等）、电能的来源部位设备在安全状态下进行机械锁定，保证在不解锁状态下设备无法自动或人为操作。

（2）个人锁锁定情况判定。电气系统维检修作业时，应对与维检修设备、部件直接或间接连接的上下级电源开关进行锁定。

2）个人锁的上锁过程

（1）参加作业人员应与熟悉现场的主管技术人员对作业过程可能造成意外伤害的危险源进行识别，确定危险源及需要锁定的部位，并在作业方案中明确具体锁定方案。

（2）站长或主管技术人员组织相关人员依据锁定方案进行锁定，并指定作业监护人负责该项作业。

（3）作业监护人通知作业人员对预先确定的设备进行锁定，解释锁定的原因，说明锁定要求和方法。

（4）作业人员填写《锁定操作票》向值班人员领取个人锁、钥匙、锁定用具及锁吊牌。

（5）作业监护人监督作业人员对设备逐一进行锁定和锁吊牌，作业人员将钥匙随身携带。

（6）根据作业需要，多名作业人员应对影响自身安全的同一部位各自锁定。

3）个人锁的解锁过程

（1）作业结束后，作业人员通知并得到监护人员许可后解锁。

（2）在监护人监督下，由上锁人分别摘除锁和锁吊牌。

（3）作业人员将个人锁、钥匙、锁定用具、锁吊牌及《锁定操作票》交值班人员。

4）应急解锁

（1）如出现上锁人将钥匙丢失的情况，作业监护人应向站长或主管技术人员申请使用备用钥匙。

（2）站长决定启动应急解锁程序。

（3）启动应急解锁程序后，值班人员通知解锁区域内所有作业人员即将解锁。

（4）开锁前，值班人员应与上锁作业人员联系确定设备的状态。

（5）上锁作业人员退出工作状态后，在确认安全的情况下立即拆除锁和锁吊牌。

2. 部门锁锁定

1）部门锁锁定情况

（1）原则。在生产运行过程中，为了防止误操作，对已停用（开启）的设备及未投运的系统进行锁定。保证在不解锁状态下设施无法自动或人为开启（关闭）。

（2）部门锁锁定情况判定。在电气系统运行过程中，各单位生产部门、生产站长根据运行需要，确定需要锁定的部位，按规定报批。

2）部门锁的上锁过程

（1）各单位生产部门根据运行需求指定需要进行锁定的设施，以书面通知形式下发至输油（气）站。

（2）当输油（气）站计划对因隐患停用的设备或未投用的系统进行锁定时，需提交书面申请报告至生产部门，陈述进行锁定的必要性，审核同意后执行。

（3）输油（气）站收到书面通知或批复报告后，站长或主管技术人员向值班人员说明锁定位置、数量并解释锁定的原因。

（4）值班人员填写《部门锁锁定操作票》，领取部门锁、钥匙、锁定用具及锁吊牌，在站长或主管技术人员监督下进行锁定。

（5）锁定完成后以书面形式向生产部门汇报。

3）部门锁的解锁过程

（1）各单位生产部门根据运行需要，以书面通知形式下发至输油（气）站场，输油（气）站按要求执行。

（2）输油（气）站根据生产运行或作业情况，需要对使用部门锁进行锁定的设备进行解锁操作时,应提前以书面形式向各单位生产部门提交申请报告或在作业方案中明确,经各单位生产部门审核同意后执行。

(3) 应在主管技术人员监护下,拆除部门锁和锁吊牌。

(4) 主管技术人员将部门锁钥匙和《部门锁锁定操作票》交值班人员进行解锁。

(5) 如出现上锁人将钥匙丢失的情况,应向主管技术人员申请使用备用钥匙,并履行书面审批手续。

(6) 输油(气)站值班人员收到部门锁、钥匙、锁定用具、锁吊牌及《部门锁锁定操作票》后应做记录,主管技术人员及时将解锁情况书面反馈给生产部门。

4) 应急解锁

(1) 应急解锁是指在紧急情况下,因生产运行或事故处理的紧急需要,需要提前解锁的工作,站长决定启动应急解锁程序。

(2) 决定启动应急解锁程序后,主管技术人员通知要解锁区域内所有人员即将解锁。

(3) 开锁前,主管技术人员应确认设备的状态,在安全的情况下,立即拆除锁和锁吊牌,并通知相关岗位值班人员。

(4) 应急解锁后应将解锁情况书面反馈给生产部门。

第五节 临时用电管理

临时用电指的是在施工、生产、检维修等作业过程中临时性使用 380V 或 380V 以下的不超过 6 个月的低压电力系统作业。

一、临时用电管理要求

1. 基本要求

(1) 临时用电应执行相关的电气安全管理、设计、安装、验收等标准规范,实行作业许可,办理临时用电许可证。临时用电作业涉及动火时,应同时办理动火作业许可证。

(2) 安装、维修、拆除临时用电线路的作业,应由电气专业人员进行。

(3) 在开关上接引、拆除临时用电线路时,其上级开关应断电锁定管理。

(4) 潮湿区域、户外的临时用电设备及临时建筑内的电源插座应安装漏电保护器,在每次使用之前应利用试验按钮进行测试。

(5) 各类移动电源及外部自备电源,不得接入电网。动力和照明线路应分路设置。

(6) 临时用电作业实施单位不得擅自增加用电负荷、变更用电地点、用途,一旦发生此类现象,生产单位应立即停止供电。

(7) 临时用电线路和电气设备的设计与选型应满足爆炸危险区域的分类要求。

(8) 进行临时用电拆、接线路的工作人员必须按规定佩戴个人防护装备,健康状况良好。

(9) 总配电箱应装设电压表、总电流表、总电度表及其他仪表。

2. 架空和地面走线要求

(1) 使用周期在 1 个月以上的临时用电线路,应采用架空方式安装,并满足以下要求:

① 架空线路应架设在专用电杆或支架上,严禁架设在树木、脚手架及临时设施上。

② 在架空线路上不得进行接头连接，如果必须接头，则需进行结构支撑，确保接头不承受拉力或张力。

③ 临时架空线最大弧垂与地面距离，在施工现场不低于 2.5m，穿越机动车道不低于 5m。

④ 在有起重机等大型设备进出的区域内不允许使用架空线路。

（2）使用周期在 1 个月以下的临时用电线路，可采用架空或地面走线方式，地面走线应满足以下要求：

① 所有的地面走线应设有走向标识和安全标识。

② 需要横跨道路或在有重物挤压危险的部位，应加设防护套管，套管应固定；当位于交通繁忙区域或有重型设备经过的区域时，应用混凝土预制件对其进行保护，并设置安全警示标识。

③ 要避免敷设在可能施工的区域内。

④ 电线埋地深度不应小于 0.7m。

⑤ 临时用电线路经过有高温、振动、腐蚀、积水及机械损伤等危害的部位，不得有接头，并应采取相应的保护措施。

3. 用电线路安全要求

（1）所有的临时用电线路必须采用耐压等级不低于 500V 的绝缘导线。

（2）临时用电应设置保护开关，使用前应检查电气装置和保护设施。所有的临时用电都应设置接地保护，接地电阻值应满足《施工现场临时用电安全技术规范》（JGJ 46）的要求，接地线和接零线应分开设置。

（3）送电操作顺序为：总配电箱—分配电箱—开关箱（上级过载保护电流应大于下级）。停电操作顺序为：开关箱—分配电箱—总配电箱（出现电气故障的紧急情况除外）。

（4）配电箱应保持整洁、接地良好。

（5）所有的临时配电箱应标上电压标识和危险标识。室外的临时用电配电盘、箱应设有安全锁具，有防雨、防潮措施。在距配电箱、开关及电焊机等电气设备 15m 范围内，不应存放易燃、易爆、腐蚀性等危险物品。

（6）固定式配电箱、开关箱下底与地面的垂直距离应大于 1.3m，小于 1.5m；移动式分配电箱、开关箱下底与地面的垂直距离应大于 0.6m，小于 1.5m。

（7）所有临时用电线路应由电气专业人员检查合格，贴上标签后方可使用，搬迁或移动后的临时用电线路应再次检查确认。

（8）临时用电线路的自动开关和熔丝（片）应符合安全用电要求，不得随意加大或缩小，不得用其他金属丝代替熔丝。

（9）临时电源暂停使用时，应在接入点处切断电源。搬迁或移动临时用电线路时，应先切断电源。

4. 用电设备安全使用要求

（1）移动工具、手持工具等用电设备应有各自的电源开关，必须实行"一机一闸"制，严禁两台或两台以上用电设备（含插座）使用同一开关。

（2）在水下或潮湿环境中使用电气设备或电动工具，作业前应由电气专业人员对其绝缘进行测试，带电零件与壳体之间，基本绝缘不得小于 $2M\Omega$，加强绝缘不得小于 $7M\Omega$。

(3) 使用潜水泵时应确保电动机及接头绝缘良好，潜水泵引出电缆到开关之间不得有接头，并设置非金属材质的提泵拉绳。

(4) 使用手持电动工具安全要求：

① 设备外观完好，标牌清晰，各种保护罩(板)齐全。

② 在一般作业场所，应使用Ⅱ类工具；若使用Ⅰ类工具时，应装设额定漏电动作电流不大于30mA、动作时间不大于0.1s的漏电保护器。

③ 在潮湿作业场所或金属构架上等导电性能良好的作业场所，应使用Ⅱ类或Ⅲ类工具。

④ 在狭窄场所，如锅炉、金属管道内，应使用Ⅲ类工具。若使用Ⅱ类工具应装设额定漏电动作电流不大于15mA、动作时间不大于0.1s的漏电保护器。

⑤ Ⅲ类工具的安全隔离变压器，Ⅱ类工具的漏电保护器及Ⅱ类和Ⅲ类工具的控制箱和电源联结器等应放在容器外或作业点处，同时应有人监护。

(5) 临时照明安全要求：

① 现场照明应满足所在区域安全作业亮度、防爆、防水等要求。

② 使用合适的灯具和带护罩的灯座，防止意外接触或破裂。

③ 使用不导电材料悬挂导线。

④ 行灯电源电压不超过36V，灯泡外部有金属保护罩。

⑤ 在潮湿和易触及带电体场所的照明电源电压不得大于24V，在特别潮湿场所、导电良好的地面、锅炉或金属容器内的照明电源电压不得大于12V。

⑥ 标签、标识。

a. 所有断开开关应贴有标签，注明供电回路和临时用电设备。所有临时插座都应贴上标签，并注明供电回路和额定电压、电流。

b. 所有开关箱、配电箱(配电盘)应有安全标识，在安装区域内，应在其前方1m远处的地面上用黄色油漆或黄色安全警戒带做警示。

二、临时用电施工组织设计

临时用电设备在5台以上(含5台)或设备总容量在50kW(含50kW)以上的，应专门进行临时用电施工组织设计。临时用电施工组织设计应包括以下内容：

(1) 现场勘测。

(2) 确定电源进线，变电所或配电室、配电装置、用电设备位置及线路走向。

(3) 负荷计算。

(4) 选择变压器容量、导线截面、电器的类型和规格。

(5) 设计配电系统，绘制临时用电工程图纸，主要包括用电工程总平面图、配电装置布置图、配电系统接线图、接地装置设计图。

(6) 确定个人防护装备。

(7) 制订临时用电线路设备接线、拆除方案；

(8) 制订安全用电技术措施和电气防火措施。工程建设的临时用电施工组织设计应符合相关标准或规定的要求。

三、办理临时用电许可

1. 许可证的申请

临时用电作业申请人在办理临时用电作业许可证前应准备好包含以下内容的相关资料:
(1) 作业内容说明。
(2) 施工组织设计及相关附图。
(3) 风险评估结果(如作业安全分析 JSA)。
(4) 作业计划书或风险管理单。

2. 审核、批准

(1) 由临时用电单位提出申请,所属各单位项目(作业)主管部门(站队)负责人组织电气专业人员对临时用电施工组织设计及安全措施进行书面审查。书面审查通过后,生产(作业)区域负责人组织对临时用电安全措施的落实情况和用电设备进行现场核查。

(2) 生产(作业)区域负责人负责批准签发临时用电作业许可证,临时用电作业实施单位指派人员对临时用电进行监护。

(3) 临时用电许可证有效期限一般不超过一个班次。如果在书面审查和现场核查过程中,经确认需要更多的时间进行作业,应根据作业性质、作业风险、作业时间,经相关各方协商一致确定作业许可证的有效期限。临时用电许可证的有效期限最长不能超过 15 天,用电时间超过 15 天应重新办理临时用电许可证。

(4) 临时用电许可证的分发、取消、管理具体执行《作业许可管理程序》。

(5) 临时用电结束后,应及时通知批准人按照临时用电施工组织设计中的拆除方案拆除临时用电线路。线路拆除后,应指派电气专业人员进行检查验收,并签字确认。临时用电作业申请人和批准人签字关闭临时用电许可证。

第六节 电气安全技术措施与反事故措施

一、管理内容

(1) 电气安全技术措施简称安措,又叫劳动保护措施。是指以改善劳动条件,防止工伤事故,防止职业病和职业中毒等引起伤害的保护措施。简而言之,安措是针对人身安全采取的保护措施。

(2) 反事故措施简称反措。是指对生产过程中发生的事故所采取的技术性防范措施,主要以防止设备事故,防止人员误操作、防腐、防爆、防污闪等事故发生的技术措施。可以说,反措是针对可能发生的设备事故采取防护措施。

(3) 站队电气工程师根据各站的实际情况,每季度最后一天前编写下一季度的"安措""反措"计划,并按计划时间组织实施。

二、"安措"计划的内容

"安措"计划制订可以包含以下内容:
(1) 检查生产设备的防护装置和安全防护栅栏、网、标识等。

（2）检查主要设备的双重标志。
（3）检查工作票、操作票的合格率。
（4）定期组织电气人员进行技术培训、技术交流工作。
（5）电气人员《电工进网作业许可证》《特殊工种操作资格证》要按规定取证、到期复审。
（6）组织本站电气人员参加《电气安全工作规程》考试。
（7）电气安全工器具定期检定与补充。
（8）定期进行电气安全知识的宣贯，组织观看安全警示片。
（9）六氟化硫气体浓度及氧含量检测。
（10）应急照明装置定期检查。

三、"反措"计划的内容

"反措"按季候特点包含了以下一些内容：

（1）一月气候特点：隆冬冰雪，气候严寒。

事故特点：①架空线易断，横担易拉弯。②户外开关设备操作机构易失灵；充油设备油位易低于极限值。③开关柜易结冰。④接线端子易短路。⑤雨雪天气，尤其是雪后，冰榴过长，绝缘子易发生短路。⑥户外电气数显表易失灵。

预防措施：①抓"元旦"前停电检修工作，确保假日期间的正常供电。②检查调整架空导线的弧垂和拉线的松紧。③户外开关设备操作机构的检查。④加强开关柜维护及干燥工作，同时注意清扫接线端子。⑤加强特殊天气的监视监控，及时清理绝缘子冰榴。⑥及时查找故障，必要时更换仪表。

（2）二月气候特点：立春后转暖，雪融。

事故特点：①春节前后易发生人身及设备事故。②导线易挂冰。③户外开关设备操作机构易失灵。④接线端子易短路。

预防措施：①抓好春节停电检修，加强电工的安全思想教育。②开展春节安全大检查。③节后及时排查设备运行情况。④考虑春检的相关事项，准备春检的相关材料。⑤加强开关柜维护工作，清扫接线端子。⑥主要电动机的检修与保养。

（3）三月气候特点：惊蛰开始，出现雷电，风大。

事故特点：①户外设备及绝缘子易发生黏雪污闪事故。②易发生碰线或断线。

预防措施：①检查架空导线弧垂及拉线松紧。②砍伐线路下面的树木。③改善接地电阻，安装避雷器引线。④清扫脏污瓷瓶。⑤做好、做实春检的各项工作。⑥组织《安全工作规程》复习，做好迎考《安全工作规程》考试准备。⑦检查避雷器的状态，做好避雷器的投运。

（4）四月气候特点：春雷、细雨，空气潮湿，风大。

事故特点：①容易发生泄漏，引起设备损坏。②易发生碰线或断线。

预防措施：①检查及更换不良绝缘子。②防雷工作复查。③检查架空导线弧垂。④抓变配电所厂房及装置或设备的防雷。⑤杆塔巡视。⑥抓"五一"停电检修准备工作。

（5）五月气候特点：雷渐多，雨大，空气湿度大。

事故特点：①易发生雷害事故。②易发生树枝碰线接地故障。③线路杆根土软，易倒杆。④室内室外湿度大，易发生电气设备绝缘损坏事故。

预防措施：①全面开展安全用电宣传。②抓"五一"停电检修、变配电所内电气设备及开关操作机构的保养。③抓电动机轴承加油等保养工作。④抓电气设备的保养与清洁，完善通风及冷却装置，半导体器件的清洁与更换劣化元器件。⑤以防雷、防雨、防漏为重点增加变配电所、线路及设备的巡视次数。

（6）六月气候特点：雨水多，雷电频繁，阵风，湿度大。

事故特点：①雷电危害频繁。②容易发生碰线或断线。③变配电系统及开关柜易发生接地事故。④人身事故开始增多。

预防措施：①结束变配电设备的检查、试验及更换不良设备的工作。②全面进行杆根检查。③复查线路下面的树木。④加强开关与刀闸的维护工作。⑤做好变配所电缆沟排水设施的检查与清扫，复查防洪工作。⑥抓电动机轴承加油等保养及热继电器、过流继电器等的整定。⑦保护装置和监测装置的检查。⑧检查总结上半年大、小修工程完成情况。⑨防雷防静电装置的检查与测试工作。

（7）七月气候特点：炎热，阵雷，阵风，台风。

事故特点：①雷害频繁。②出现水害。③出现风害。④人身事故多。⑤设备事故多，电动机、开关柜内元件及补偿电容器等易过热损坏，夏季负荷较重的变压器易过载。⑥半导体器件损坏率高。

预防措施：①加强对防雷装置的巡视。②加强防雷防静电装置的检查与测试工作，尤其是各储油罐接地极的测量和检测工作。③加强对变压器油温和过载的监视。④加强电气设备巡视、开关柜维护及对通风及冷却装置的检查。⑤加强人身安全教育及预防事故教育。⑥加强用电设备的维护保养，例如电动机的检修和更换润滑油等工作。⑦防洪防鼠害工作。

（8）八月气候特点：炎热，雨水集中，洪水，台风，多雷。

事故特点：①水害与雷害多。②人身事故多。③同七月的④⑤⑥条。

预防措施：①及时对线路杆根培土加固。②观察与调整架空导线的弧垂。③同七月的③④⑤条。④防雷防静电装置的检查与测试工作。

（9）九月气候特点：秋高气爽，尚有阵雷。

事故特点：①雷害。②人身事故也多。

预防措施：①加强电气设备巡视，检查设备接点。②注意开关柜通风，检查冷却装置。③加强人身安全教育。④开展秋季安全大检查。⑤抓好国庆节期间停电检修的准备工作。⑥检查电加热装置和户外防冷凝装置运行情况，做到全部运行完好。

（10）十月气候特点：秋风大，干燥，天凉。

事故特点：①节日前后易发生安全事故。②易发生火灾。③有时出现风害。

预防措施：①抓国庆节停电检修，包括：变配电所高、低压进出线接头紧固；断路器检修及电动机保养。②开关柜电气接头检查与紧固。③对保护装置和监测装置进行检查。④抓清除设备缺陷。⑤抓节日前后安全教育。⑥做好设备的防冻防凝工作，检查电加热装置和户外防冷凝装置运行情况，做到全部运行完好。⑦做好迎接冬季高峰负荷的准备。⑧检查防鼠害设施完好，电缆沟投放鼠药。

（11）十一月气候特点：出现冰霜，开始寒冷。

事故特点：①绝缘子和套管易污闪。②因负荷增加，变配电设备接点易过热。③负荷重的电力变压器易过载。

预防措施：①撤除避雷器。②加强配对变电设备的接头检查和对变压器与断路器的巡视。③总结防雷工作和制订明年防雷措施。④编制下一年度培训工作计划。⑤全面检查工程计划完成情况。⑥编制明年运行技术措施与组织措施计划。⑦户外设备清扫，保证清洁，防止污闪。⑧充油设备油位检查，保证油位正常。⑨检查电加热装置和户外防冷凝装置运行情况做到全部运行完好。

（12）十二月气候特点：寒流，天冷，冰冻。

事故特点：①开关机构易失灵、易结冰，接线端子易短路。②负荷重的电力变压器易过载。③变配电设备的接头易过热。

预防措施：①加强开关操作机构的检查。②加强对变压器与油开关的巡视和对变配电设备接头的检查。③加强对开关柜的维护及干燥工作，清扫接线端子。④抓好元旦检修的各项准备工作。⑤整理各种图纸资料。⑥总结本年度安全工作，安排明年安全工作计划。⑥检查电加热装置和户外防冷凝装置运行情况，做到全部运行完好。

第五章　电气设备运行与维护检修管理

第一节　电气设备运行、操作及故障处理

一、电气设备的巡回检查及运行操作

此部分内容按操作岗位资质认证内容执行。

二、电气设备的故障处理

1. 变压器的故障处理

1）变压器的重瓦斯保护动作跳闸的故障现象、故障处理及原因分析

（1）故障现象：变电所综合自动化监控系统事故音响报警，后台机显示重瓦斯保护动作，变压器综保装置重瓦斯保护故障报警指示灯变亮。变压器两侧开关跳闸，运行的红灯灭，绿灯闪光；电流、功率表无指示、电度表计停止。微机监控显示重瓦斯动作或微机监控显示的主结线图的断路器变位、线条变色。

（2）故障处理：确认报警信息；检查保护动作的情况并准确记录；检查变压器受损情况，如温度、压力释放阀动作、瓦斯继电器受过剧烈振动、油色、油位、渗漏油现象；检查保护动作前电压、电流及功率的波动情况。检查瓦斯继电器中确有气体时应观察颜色及判断可燃性，取气样及油样做色谱分析，根据规定判断变压器的故障性质；若气体是无色、无嗅且不可燃，色谱分析为空气时，经上级部门同意变压器可继续运行，并及时消除进气缺陷。若气体是可燃的或油中溶解气体分析结果异常，应综合判断确定变压器是否停运。在查明原因前不得将变压器投入运行。

（3）引起重瓦斯保护动作的原因可能为：呼吸不畅或排气未尽；保护及直流等二次回路异常；内部线圈绝缘物老化击穿；铁芯故障；箱内引线短路等。

（4）气体的颜色与故障性质：黄色、不易燃烧为木质故障；淡黄色、气味强烈、可燃为纸或纸板故障；灰色和黑色、易燃为油故障；无色、无臭、不可燃为空气进入。

2）变压器轻瓦斯动作的故障现象及故障处理

（1）故障现象：变电所综合自动化监控系统事故音响报警，后台机显示轻瓦斯保护动作，变压器综保装置轻瓦斯保护故障报警指示灯变亮。瓦斯继电器内有气体存在。

（2）故障处理：解除预告报警信号音响；记录发生异常的时间；检查动作的原因为空气进入或油位降低；检查二次回路问题；当变压器外部无异常时，可鉴定气体的性质，是变压器内部故障时及时请示上级部门停运做进一步检查。

（3）若轻瓦斯动作的时间逐渐缩短，表明确属内部故障，应将故障变压器停运。若是因缺油引起动作时，应适当关闭散热器，及时补油。如瓦斯继电器信号因油内剩余空气析出而动作，应

及时放出瓦斯继电器内积聚的空气,变压器可继续运行,但应注意下次信号动作的时间。

3) 变压器差动保护动作的故障现象及故障处理

(1) 故障现象:变电所综合自动化监控系统事故音响报警,后台机显示差动保护动作,变压器综保装置差动保护故障报警指示灯变亮。变压器两侧开关跳闸,运行的红灯灭,绿灯闪光;电流表、功率表无指示,电度表计停止。微机监控显示差动保护动作或微机监控显示的主结线图断路器变位、线条变色。

(2) 故障处理:解除音响,复归报警信息;检查保护动作的情况并准确记录;检查变压器应无异常现象;检查差动保护范围内的设备如电压、电流互感器,隔离开关,母线,瓷瓶,二次回路及元件等应无故障点。检查中若未发现异常现象时,可请示调度,经同意可试送电一次。

4) 变压器过流保护动作的故障处理

除参照差动保护动作的处理外,还要对变压器的二次母线及所配出的电气设备进行检查,应无短路故障点。

5) 变压器过负荷信号动作的故障现象及故障处理

(1) 故障现象:变电所综合自动化监控系统显示变压器过负荷报警,变压器综保装置"过负荷"报警信号灯亮,电流表、功率表指示超红线。

(2) 故障处理:解除报警;检查电流表、功率表是否过负荷;检查变压器温度,运行正常,接线端子过热烧红情况;检查变压器的冷却装置运行情况;及时汇报输油(气)调度减负荷,加强对变压器的巡视,注意电流、功率、声音、温度、油位、接线端子或电缆等变化情况,做好记录。

6) 变压器超温度信号动作的故障现象及故障处理

(1) 故障现象:中央信号装置的事故告警信号动作,"超温度"报警信号灯亮,变压器所有温度表的指示都上升,油位上升。有微机监控的报出"超温度"警告事件项。

(2) 故障处理:解除报警信号;根据环境温度和负荷大小,判断超温的原因;检查散热器的各部温度应均匀,应无堵塞,冷却装置好用;检查二次回路无故障引起误动,变压器过负荷、仪表准确等。确为变压器内部故障过热引起的温度上升,应停止运行。

(3) 变压器油温度升高原因。在负荷和冷却都正常时,而油温度升高,应首先判断为内部故障,如铁芯绝缘损坏涡流引起过热、线圈层间短路等,要查明各种保护未动的原因。

2. 电压、电流互感器的故障处理

1) 停止运行的故障

发生以下情况时应将电压、电流互感器退出运行:

(1) 电压互感器的一次熔断器熔丝熔断。

(2) 互感器在运行中内部有严重的杂音。

(3) 接线端子过热或熔化。

(4) 互感器有异味,有冒烟、喷油或着火现象发生。

(5) 瓷套管破裂,严重漏油、严重放电和接地现象发生。

(6) 二次接线错误导致互感器或保护装置不能正常工作。

2) 故障处理要求

发生上述情况时,值班人员应及时汇报,停电后做好安全生产措施,由维修人员进行处理。值班人员应做详细记录。

3. 开关设备的故障及处理

1）需立即停运断路器的故障

（1）磁套管有严重破损和放电现象。

（2）油断路器灭弧室冒烟或内部有异常声音。

（3）油断路器严重漏油，见不到油位。

（4）六氟化硫断路器的SF6气室严重漏气发出操作闭锁信号。

（5）真空断路器出现真空室损坏的"丝丝"声。

2）电磁机构拒绝跳闸的故障处理

（1）现象：控制键转向"跳闸"位置或微机发出"跳闸"命令时，红灯继续亮，绿灯不亮，直流电压表指示有变化，控制回路电流表有指示时间很长；保护已启动，微机监视有记录；红灯仍亮，断路器在合位。

（2）原因：控制电源电压低，跳闸铁芯行程不足或卡死，跳闸线圈内部有层间短路或断线，脱扣机构调整不当，辅助接点调整不当。

（3）处理方法：当电动不能跳闸时可及时手动跳闸；当电动、手动均不能跳闸或由于短路将断路器的接点熔焊时，应断开上一级断路器。

3）电磁机构误跳闸的故障处理

（1）现象：执行合闸命令后又跳开或在运行合闸状态时无命令而跳闸。

（2）原因：合闸脉冲太短，合闸机构调整不当，二次回路有混线使合闸时分闸回路也有电，有两点接地现象或分闸回路绝缘损坏有分闸通路，继电器接点因振动闭合。

（3）处理方法：调整机构，查出绝缘破坏点，尽快恢复送电。

4）隔离开关操作异常处理

隔离开关合闸后发现未合好或合偏时，使用电压等级符合要求且耐压合格的绝缘拉杆推顶，使之合好或合正，严禁拉开重合或冲击合闸。

5）隔离开关触头过热处理

发生触头过热现象应记录缺陷，汇报调度和上级主管领导。应逐步减少负荷，监视触头温度变化，如触头持续过热应尽快申请停电检修。

4. 高压电动机的故障及处理

1）高压电动机运行中的过热现象

① 电压、电流、转速等不正常。

② 过负荷时间太长。

③ 冷却通风系统、润滑油系统不正常。

④ 大修后接线错误引起局部发热。

⑤ 线圈包扎不紧或浸漆不充分，绝缘材料之间存在空隙。

⑥ 铁芯涡流损失过大。

⑦ 轴承损坏，电动机扫膛。

⑧ 绕组绝缘破损。

2）高压电动机发生故障时应排查内容

（1）检查电源电压。

（2）检查断路器和启动设备。
（3）检查电动机所拖动的设备。
（4）检查电动机接线盒内接线。
（5）检查轴承、润滑系统、冷却系统。
（6）解体检查电动机定子线圈、转子铜条等。

3）高压电动机继电保护动作停止运行后的处理

（1）差动保护或电流速断保护动作跳闸后，在未查明原因和事故未处理完毕前不准重新启动电动机。
（2）差动或速断保护动作后的处理可参照变压器的故障处理方法。
（3）允许自启动的电动机，当失去电源不足30s，严禁运行人员手动停机。

4）电动机着火后的处理

电动机着火后，应先切断电源，然后用电气专用灭火器材灭火，严禁使用水来灭火。如果用干粉灭火器时，应防止粉末进入轴承内。

5. 母线接地故障处理

（1）对母线所连的设备进行检查寻找故障点时，必须穿戴绝缘鞋后方可进入接地区域。
（2）立即通知所在接地区内的所有人员退出现场，同时防止跨步电压对人身安全的威胁。
（3）发现故障点，应派人监视，立即汇报，切断故障点的电源开关，并及时处理。
（4）主变压器二次6kV接地时，母线应分段运行，可根据故障指示仪表的变化，分回路、分段切断负荷查明故障点。

6. 无功补偿装置的故障处理

发生以下故障时应停止无功补偿装置运行：

（1）电容器外壳破裂、喷油、冒烟。
（2）瓷套管破裂并严重放电、绝缘子击穿、闪络接地。
（3）内部有放电异音。
（4）接线端子熔断，形成两相运行。
（5）系统发生主谐振过电压或系统停电。
（6）三相电流不平衡超过平均值的5%。
（7）电容器严重渗油或漏油。
（8）电容器膨胀大于10mm。
（9）接线端子松动、发热，套管有混合物流出。

7. 继电保护及综合自动化装置的故障处理

1）应停止保护装置的工作

（1）模拟量输入输出回路、开关量输入输出回路上作业。
（2）装置内部检修。
（3）修改保护定值。

2）异常情况处理

（1）运行中的继电保护装置和自动装置出现异常情况后，应加强巡视并报告，还要采取果断措施立即处理。
（2）保护动作跳闸后应立即报告并做详细记录，检查保护动作的原因。恢复运行前再复归信号。

8. 电力系统故障处理

1）频率异常时的故障处理

（1）当电力系统的频率升高时，输油（气）电动机的转速也升高，应向电业调度汇报并调整频率，不可调时应向其他有关部门汇报并降低输量。

（2）当电力系统发生频率降低时，电动机转速下降，电动机可能超载运行。应向调度汇报并降低排量。若发生低频减载线路停电时，应及时与电力调度联系，并汇报有关部门。

2）电源失电时的故障处理

（1）当电力系统发生故障一条线路停电时，应迅速与电力调度联系启用备用线路送电，减少停电时间。

（2）在送电之前应切开电容器、电动机的电源断路器。

（3）当电力系统电源全部失电时，应向电力调度汇报，询问故障情况和送电时间，做好来电的准备。

（4）向上级部门汇报本变电所情况和电力系统情况以及再次送电时间。

（5）切开未跳开的输出负荷的断路器，有操作直流电源的也可切开变压器两侧断路器，防止突然来电。

（6）有自备发电机可对重要保安负荷送电，严禁向电网反送电。

（7）记录发生故障的时间和甩负荷情况。

3）电压异常时的故障判断

电压有一相为零，另两相升高为1.7倍的为金属性接地。有一相电压下降而不为零，另两相电压有所升高，但低于线电压，为高阻电弧接地。

4）单相接地时的故障处理

（1）当电力系统发生单相接地时，中央信号装置的事故预告信号报警，接地报警信号灯亮，微机监控系统报接地事件发生，此时应立即向电力调度和上级部门汇报，记录故障发生的时间和接地情况。

（2）停电后接地消失，应及时处理接地点的绝缘，故障处理完后应做绝缘试验，试验合格后方可送电。

5）电压互感器一次熔断器熔断时的故障处理

当发生电压互感器一次熔断器熔断时，应根据报警信号情况和变压器的声音、电流功率、电动机的声音、电流、功率、电压数值等情况进行综合分析和正确判断。及时做好安全措施，检查电压互感器的绝缘电阻，二次负荷有无短路，是否存在其他问题。正确处理缺陷后更换一次熔断器恢复正常运行。

第二节　电气设备检修计划与检修方案

一、检修方式

电气设备的维护检修宜采用计划检修和状态检修相结合的检修方式，检修周期及项目应根据运行情况和状态评价的结果动态调整。

电气设备的维护检修分以下4种方式：

（1）维护保养。通过擦拭、清扫、润滑、调整、检测等一般方法对设备进行护理，以维持和保护设备的性能和技术状况，减少电气设备故障的发生。

（2）计划检修。以预防为主，根据零件磨损和使用寿命的规律，按照规定的周期、项目、要求，对设备进行有计划的检修。

（3）状态检修。根据状态监测和诊断技术提供的设备状态信息，判断设备的异常，在故障发生前进行检修的方式，即根据设备的健康状态来安排检修计划，实施设备检修。

（4）故障检修。是指当设备发生故障或其他失效时进行的非计划性检修，是尽量减少和避免的。

二、检修计划的制订

依据设备的缺陷及运行情况结合电气设备检修周期表，编制电气设备年度检修计划。重要设备要制订专门的检修实施方案，经主管部门批准后，方可实施。

三、检修方案编制

电气设备检修实施方案大体由以下几部分组成，依据检修项目的具体情况填写：

（1）检修项目概况：描述设备本周期的运行情况，分析设备存在的主要缺陷，对本次检修的基本目的和要求进行简要说明。

（2）编制依据：列出编制本方案所依据的相关标准、规范等技术文件。

（3）检修方案：检修项目的具体工作内容。

（4）主要工程量：根据工作内容确定具体工程量。

（5）投资概算：根据工程量估算所需投资。

（6）检修进度：确定项目总体和各项工作的计划开工日期和计划完工日期。

（7）安全措施与应急处置：方案中应充分考虑检修所需的安全措施与应急处置工作，确保检修工作安全。

第三节　电气设备检修

一、检修原则

电气设备的检修应综合考虑生产运行、调度等方面因素，根据环境及气候特征、设备运行状况，结合电气设备的检修项目进行。变电设备的检修宜安排在春季结合电气预防性试验工作进行。电气设备的检修在确保检修质量和保证安全的前提下，应尽量缩短停电时间和停电范围。

二、油浸式电力变压器的检修

1. 小修周期

（1）主变压器小修每年不得少于1次。

（2）配电变压器小修每年1次。

2. 大修周期

(1) 变压器宜每 10 年大修 1 次，新投入主变压器在投入运行后第 5 年应根据运行、检测及评价的结果确认是否大修。

(2) 承受过正常过负荷和事故过负荷运行的变压器，应提前进行大修。

(3) 运行中的变压器，发现异常状况或经试验判明内部有故障时，应提前进行大修。

(4) 承受过出口短路的主变压器，应视情况提前进行大修。

3. 小修项目

(1) 处理已发现的缺陷。

(2) 放出储油柜积污器中的污油。

(3) 检修油位计，包括调整油位。

(4) 检修冷却油泵、风扇、必要时清洗冷却器管束。

(5) 检修安全保护装置。

(6) 检修油保护装置（净油器、吸湿器）。

(7) 检修测温装置。

(8) 检修调压装置、测量装置及控制箱，并进行调试。

(9) 检修全部阀门和放气塞，检查全部密封状态，处理渗漏油。

(10) 清扫套管和检查导电接头（包括套管将军帽）。

(11) 检查接地系统。

(12) 清扫油箱和附件，必要时进行补漆。

(13) 按 Q/SY GD 1020—2014《油气管道电气设备预防性及检修试验手册》要求进行电气性能试验。

三、干式变压器的检修

1. 检修周期

(1) 小修周期为每半年一次。

(2) 大修周期参照厂家说明书。

2. 小修项目

(1) 除去绝缘表面的积尘，提高变压器运行时空气的冷却效果。

(2) 用吸尘器，压缩空气或氮气进行除尘。压缩空气或氮气应是清洁干燥的，其气压不超过 0.2MPa，绝缘子、分接引线、端子板及其他绝缘零件的表面应用干布擦净。

(3) 对线圈、引线和温度监视器进行全面的外观检查。

(4) 检查所有温度仪表的线路是否正常。

(5) 对报警控制回路做模拟试验，检查是否灵活可靠。

(6) 变压器擦伤面漆的部位应予补漆。

(7) 测量线圈与线圈之间、线圈与地之间的绝缘电阻，其值不应低于 1MΩ/kV（运行电压），否则应进行干燥处理。

(8) 按有关说明书对辅助装置进行维护保养。

(9) 用扭矩扳手重新紧固一遍电气连接，标准为：

① M8 螺栓 20N·m。

② M10 螺栓 40N·m。
③ M12 螺栓 75N·m。
④ M16 螺栓 175N·m。

四、电动机的检修

1. 检修周期

(1) 电动机的小修周期为每年 1 次。

(2) 电动机的大修周期一般随输油泵、空压机检修，并结合电气状态进行检修。

(3) 厂家有特殊要求的，按照厂家说明书进行。

2. 小修项目

(1) 电动机本体小修项目：

① 检查电动机基础是否下沉，有无裂缝。

② 查看电动机基础螺栓是否牢固，必要时应紧固。

③ 检查联轴器是否校准，有变化时找出原因，重新调校联轴器。

④ 检查端子积尘和潮湿情况，去掉灰尘和清除潮湿，清洁绝缘部件表面，检查密封。

⑤ 检查接地装置，保证接地可靠。

⑥ 检查冷却空气通道中是否有灰尘、砂粒沉积，除去灰尘和污物。

⑦ 检查空气导流环是否拧紧，必要时更换紧固件。

⑧ 用 1000V（测量 3000V 及以下电动机）或 2500V（测量 3000V 以上电动机）兆欧表测量定子线圈到定子铁芯和机壳的绝缘电阻，测量时应尽可能分相进行，3000V 及以下电动机，其绝缘电阻值应大于 $0.5M\Omega(20℃)$，3000V 以上电机，其绝缘电阻值应不低于 $U_n M\Omega$（U_n 是额定电压，单位 kV）$(20℃)$。

⑨ 测量定子绕组的直流电阻，与出厂值进行比较不应有明显变化，相间直流电阻值间的差别不能超过 1%。

⑩ 对变频调速电机同时还要对电动机轴进行轴绝缘的检测。

(2) 轴承的检修项目：

① 检查轴承箱外部灰尘或脏物的沉积情况，对轴承箱外部进行清洁处理。

② 检查油位指示应处于正常位置。

③ 如需要更换轴承润滑油，在轴承仍处于热态的情况下打开轴承下面的排油孔排油，充油应充相同标号等级的油品。一般情况充润滑油至油标 $1/2\sim2/3$ 处。

④ 充油完毕后检查轴承套、油环和轴承密封的情况，拧紧紧固件。

3. 辅助装置的检修项目

(1) 检查绕组温度计运行情况，用 500V 兆欧表测量其绝缘电阻值应大于 $0.5M\Omega$ $(20℃)$。

(2) 检查防冷凝加热器，除去加热器的灰尘并更换检测部件，加热元件有故障时应保证更换同类型的元件。同时用 500V 兆欧表测量防冷凝加热器的绝缘电阻值应大于 $2M\Omega$ $(20℃)$。

(3) 中性点柜内相关设备按照对应设备进行检修。

(4) 检查温度检测装置应正常，同时用 500V 兆欧表测量温度计绝缘，绝缘电阻应大于

0.5MΩ(20℃),必要时进行更换。

(5)检查振动传感器,必要时进行调整和更换。

五、SF_6(六氟化硫)断路器的检修

1. 检修周期

(1)小修周期:

① 正常运行的SF_6断路器,1年1次小修。

② 开断短路电流后的SF_6断路器,应立即进行小修。

(2)大修周期:

① 正常运行的SF_6断路器,一般8~10年大修1次。

② 累计分、合闸次数达2000次的SF_6断路器,应进行大修。

③ 开断短路电流达10次的SF_6断路器,应进行大修。

④ SF_6气体微量含水量或泄漏量超过标准,经处理后仍不能达到标准的SF_6断路器应进行大修。

⑤ 每开断一次短路电流后,若测量导电回路电阻不合格,并经调整后仍达不到标准的SF_6断路器,也应进行大修。

2. 小修项目

(1)检查引线连接是否过热,拧紧松动部分。

(2)检查和清扫绝缘部件及密封部分。

(3)检查操动机构各部件有无生锈、变形和损伤,清扫严重污秽部位,注入制造厂指定的油。

(4)进行手动的电动分、合闸及储能操作各2次,操动机构动作灵活、可靠。

(5)测量操动机构的电动机以及分、合闸线圈的绝缘电阻,应符合制造厂的要求。

(6)测量每相导电回路电阻,应符合制造厂的要求。

(7)测量并调整动触头行程及触头开距,应符合制造厂的规定。

(8)按 Q/SY GD 1020—2014《油气管道电气设备预防性及检修试验手册》要求进行电气试验。

六、组合电器设备(GIS)及SF_6气体绝缘充气柜的检修

1. 检修周期

(1)小修周期为1年1次。

(2)大修周期按厂家要求规定的周期执行。

2. 小修项目

(1)SF_6气体的补充、干燥和过滤由SF_6气体处理装置进行。

(2)校验密度计、压力计,厂家有特殊规定的按厂家要求进行。

(3)导电回路接触电阻的测量。

(4)吸附剂的更换。

(5)不良紧固件的更换。

七、真空断路器的检修

1. 检修周期
(1) 正常运行的真空断路器,检修周期为 1 年 1 次。
(2) 开断短路电流后的真空断路器,应马上进行检测。
2. 检修项目
真空断路器检修项目包括高压带电部分、操动机构部分、控制部分和真空开关管,具体检修内容按照厂家说明书执行。

八、少油断路器的检修

少油断路器的检修周期:
(1) 新投入运行的油断路器,在运行 1 年以后应进行 1 次检修。
(2) 正常运行的油断路器,2~3 年检修 1 次。
(3) 用于输油电动机的油断路器,每年 1~2 次解体检修。
(4) 切除短路故障达 2 次或严重喷油及喷烟的油断路器,应立即进行检修。
(5) 发生跳跃或带负荷合闸达 20~30 次的油断路器,应进行检修。

九、隔离开关的检修

1. 检修周期
(1) 隔离开关的小修,每年不少于 1 次。
(2) 隔离开关的大修,户外应 3 年 1 次,户内 8 年 1 次。
2. 小修项目
(1) 消除运行中发现的一般缺陷。
(2) 检查引线连接处是否过热、松动和锈蚀,紧固各部螺栓。
(3) 绝缘子表面应无放电痕迹、裂纹及斑点。测量瓷质部分绝缘电阻。
(4) 对机构进行试验,应灵活可靠。
(5) 清扫瓷瓶,对铁件锈蚀进行除锈刷漆。
(6) 检查接地引下线是否良好。

十、母线的检修

1. 母线的检修周期
母线的检修一般伴随停电清扫进行,每年不得少于 1 次。
2. 硬母线的检修项目
(1) 清扫母线,清除积灰和脏污。
(2) 检修母线接头,要求接头接触良好,无过热现象。采用焊接连接的接头,应无裂纹、变形和蜕毛现象;铜铝接头应无接触腐蚀,户外接头和螺栓应涂有防水漆。
(3) 检修母线伸缩节,两端应接触良好,能自由伸缩,无断裂现象。
(4) 检修绝缘子及套管,应清洁完好,绝缘电阻合格。
(5) 检查母线的固定情况,母线固定平整牢靠。螺栓、螺母、垫圈齐全、无锈蚀,片间撑条均匀。

3. 软母线的检修项目

（1）清扫母线，清除积灰和脏污。母线无断股和松股现象，严重者应予以更换。

（2）检查各接头有无锈蚀、松动、过热及打火现象。锈蚀、损伤严重者应更换。

（3）清扫绝缘子串上的积灰和脏污，更换表面发现裂纹及闪络的绝缘子。

（4）检查绝缘子串各部件的销子和开口销应齐全、完整，损坏者应更换。

十一、电力电缆的检修

1. 检修周期

电力电缆的检修一般随电气设备同时进行。

2. 检修项目

（1）检查电缆各部有无机械损伤，电缆外层钢铠有无锈蚀。

（2）补齐电缆的标识牌。

（3）检查电缆终端头的接地线连接是否良好。

（4）检查电缆接线端子与设备的连接是否可靠，有无过热及松动现象。

（5）清扫电缆终端头表面脏污，检查有无电晕放电痕迹。

（6）检查电缆终端头瓷套管有无裂纹及放电痕迹。

（7）电缆绝缘接头的检查。

（8）绝缘电阻合格。

（9）电缆沟防火设施的检查和修复。

（10）电缆沟排水防护设施的检查修复。

（11）按 Q/SY GD 1020—2014《油气管道电气设备预防性及检修试验手册》要求进行电气试验。

（12）处理所发现的各类缺陷。

十二、无功补偿装置的检修

1. 检修周期

无功补偿装置的检修每年应进行 1 次。

2. 电力电容器的检修

（1）清扫电容器、放电设备及支架等处的表面脏污。

（2）电容器及放电设备应不渗（漏）油，否则应进行修理或更换。

（3）绝缘套管应无裂纹破损或掉釉现象及放电痕迹。

（4）各接线端子应无松动，无过热引起的变色。

（5）外壳及架构与接地网的连接应牢固可靠、防腐蚀良好。

（6）外壳应无锈蚀，过锈者应进行防腐处理。

（7）检查电容器应无不正常的膨胀，其膨胀值不得超过 10mm。

（8）熔断器应无破损及烧伤痕迹，接触良好，熔体无熔断。

（9）经检查、调整，三相电容量匹配应平衡。

（10）按 Q/SY GD 1020—2014《油气管道电气设备预防性及检修试验手册》要求进行电气试验。

3. 单机补偿装置的检修

(1) 测量单台电容器电容值,并与前次(或投入运行时)记录对照,如有明显变化超过标准值的范围,视情况及时用相同规格的产品更换。如电容器渗漏油应更换。如有污秽应清理干净。

(2) 检查其他电器元件应良好,紧固的螺栓无松动。

(3) 检查安全系统,如带电显示器及电磁锁应良好。

(4) 检查装置三相的电容值是否平衡,与前次(或投入运行时)记录对照。如三相不平衡,差值较大,应进一步检查单台电容器的电容值,与该电容器铭牌中的数据相对照,如差值较大(如超过5%)应更换。

(5) 电容器、电抗器或装置其他器件无异常声响。

十三、综合自动化系统的检修

1. 检修周期

检修每年一次,同时二次回路做电气传动试验。

2. 二次回路的检修

(1) 清扫盘柜及后台机的积灰,检查各元件的标志,名称应齐全。

(2) 检查各保护模块的接线端子,继电器及盘内端子排有无松动,接触不良。

(3) 检查电压,电流互感器二次引线端子应紧固,二次接地应完好。

(4) 检查交流、直流回路的熔断器,小型自动开关接触良好。

(5) 数据通信应畅通、正常。

(6) 绝缘电阻应符合下列规定:

① 二次交流回路内每一个电气连接回路不得小于 0.5MΩ。

② 全部直流系统不得小于 0.5MΩ。

③ 自动化装置的检修在每年的电气预防性试验中进行。

十四、软启动器的检修

1. 检修周期

检修每年 1 次。

2. 检修内容

(1) 检查接触器接点、电缆接头有无过热或放电痕迹。

(2) 使用 2500V 兆欧表测量软启动器输入输出电缆的绝缘电阻,测量前应打开电缆与软启动器的连接头,可连同电动机测试,绝缘电阻应大于 10MΩ。测试完毕后应对被测电缆进行放电。

(3) 使用吹扫设备对柜内元器件进行清扫。

(4) 检查柜内保险、连接插件、端子接线和接地线,应接触良好、牢固可靠。

十五、发电机的检修

发电机的检修周期:

(1) 柴油发电机和燃气发电机每 250h 进行一次小修(备用机组为一个月,若备用机组运行时间（单位：h）先于规定日期到达，应先遵照运行时间）为周期进行检修，大修周期参照厂家说明书进行。

（2）热电偶燃气发电机（TEG）小修周期为一年1次，大修周期参照厂家说明书进行。

十六、直流电源的检修

1. 检修周期

直流电源系统设备的检修周期每年1次。

2. 检修项目

1）监控装置

（1）检查监控装置的参数设置。

（2）检查监控装置的显示值和实测值是否一致。

（3）检查、试验报警功能。

（4）检查充电程序的功能转换是否良好。

2）绝缘在线监测装置

（1）检查装置的显示值和实测值是否一致。

（2）用规定阻值的电阻分别在合闸、控制的某一出线上进行正极接地和负极接地试验。

3）绝缘监察装置

（1）测量正极与负极对地电压。

（2）用规定阻值的电阻分别在合闸、控制的某一出线上进行正极接地和负极接地试验。

4）直流屏内相关设备检查

（1）交流切换装置。

（2）电压调节装置。

（3）电池调整器。

（4）电压监测装置。

（5）直流接触器。

（6）控制面板。

十七、太阳能电源的检修

1. 检修周期

太阳能电源的检修分为半年和1年检修。

2. 每半年进行的检查项目

（1）检查系统各组件包括太阳电池组合板、蓄电池、柜内元件、充电控制器等外观完好性，并清扫积灰。

（2）检查设备的电缆与机架连接等电气连接情况是否牢固。

（3）检查防浪涌抑制器模块显示窗口无变红，防雷开关无跳断。

（4）检查汇流盒中硅堆、保险应正常。

（5）检查太阳能控制器状态和参数。

（6）测量系统电压、蓄电池温度、负载电流、蓄电池电流、交流输入电压、环境温度、环境湿度等数据并出具报告。

(7) 测量各设备、机房等接地电阻。

3. 每1年进行的检修项目

(1) 检查确认控制器主菜单各单项参数的设置。

(2) 测量各个模块的实际输出电压。

(3) 检查模块负载均分特性。

(4) 控制器告警功能测试。

十八、阀控式铅酸蓄电池的检修

1. 检修周期

检修周期为每年一次或根据设备情况进行。

2. 检修项目

(1) 检查蓄电池外壳、极柱、坚固件及其室(柜)应无灰尘、无杂物。

(2) 测量电池端电压。

(3) 检查蓄电池的浮充电流。

(4) 对蓄电池进行均衡充电。

(5) 紧固蓄电池接线柱,去除跨接板上的氧化物、涂导电膏油。

(6) 处理已发现的蓄电池缺陷。

(7) 检查蓄电池的连接线。

(8) 进行活化并核对蓄电池容量。

(9) 紧固蓄电池架的全部螺栓。

(10) 试运。

3. 检修内容

蓄电池的活化和均衡充电应根据生产厂家说明书进行:

(1) 超深度放电或充电不当,使电池电压电阻不平衡时,需要进行均衡充电。

(2) 在充电过程中如温度超过45℃,必须采取措施或停止充电,或转换成浮充状态,以便令温度降下来。

4. 容量试验

(1) 蓄电池浮充状态容量试验:对于浮充状态的蓄电池,在活化前,按说明书要求的放电制度进行放电,并计算其容量。

(2) 蓄电池浮充状态容量低于额定容量的50%时,应增大浮充电流或进行活化和均衡充电。

(3) 蓄电池容量试验:蓄电池进行活化后,静置24h,按说明书要求进行放电,并计算其容量。

(4) 经3次活化后,蓄电池容量仍低于额定容量的80%时,应进行鉴定处理。

(5) 蓄电池进行容量试验后,要立即充电恢复其容量。

十九、UPS不间断电源的检修

1. 检修周期

UPS不间断电源的检修周期为每年1次。

2. 检修项目

（1）测量电池的充电电压、充电电流，测量 UPS 三相输入、输出电压，测量 UPS 输出各项电流及当时负载情况。

（2）将所有测量结果与面板上的参数进行比较，如实测值与计算值不符，应及时记录相关信息并联系维修。

（3）将负载从 UPS 逆变器供电通道上切换到维修旁路，对 UPS 内部进行检查。

第四节　电气设备检修后的试运和投用

一、变压器的试运行

（1）检修后的变压器初送电时，应在无载情况下进行全电压冲击合闸，受电持续时间应不少于 10min，经检查受电无异常后，每隔 5min 进行冲击 1 次，连续进行 3 次。

（2）冲击合闸无问题后，转入空载试运。

（3）空载试运 24h 无异常时，转入带载试运。

（4）带载试运满 48h，经全面检查无问题后，移交生产单位使用。

（5）在试运期间，应将重瓦斯保护功能屏蔽，并注意观察气体继电器中气体集聚情况，随时放出气体，待油中气体全部逸出，气体继电器不动作时，将重瓦斯保护功能开放。

二、电动机的试运行

1. 电动机的空载试运

（1）检查电动机本体及周围应无杂物，螺栓紧固，电动机盘车正常。

（2）检查电动机各部位接地应良好。

（3）测量电阻的绝缘电阻和吸收比应符合要求。

（4）检查接线相序应符合负载旋转方向的要求。

（5）电动机盘车 720° 灵活无卡滞。

（6）电动机润滑油脂无变色变质现象，润滑油注入量应符合要求。

（7）在空载情况下，将电动机投入运行，空载试运 2h，在此期间应注意监视机体及轴承温升、电流变化、振动、声音和气味，确定磁场中心位置。

电动机空载试运无异常后，停下电动机，安装联轴器，测试电动机与泵的同轴度应符合相应机组的技术要求，重新将电动机投入，准备带载试运。

2. 电动机的带载试运

（1）检查断路器应连接牢固。

（2）带载盘车时电动机与泵转子均无卡涩。

（3）拖动的机械无启动障碍。

（4）电气、仪表检测参数和定值无误。

（5）电动机带载试运 24h。运行期间应注意监视电动机轴承及定子的温升，运行电流应符合额定电流的要求，同时监视机体振动、声音和气味。

三、变频调速装置的空载试运

(1) 检查并拆开机泵联轴器。
(2) 确认变频变压器、变频装置、调速电动机无运行障碍。
(3) 投上辅助回路电源,检查变频装置控制面板及相关指示灯正常。
(4) 从变频器上就地启动变频装置驱动调速电动机空载运行,确认系统升速与降速过程运行正常。
(5) 检查确认变频调速驱动系统相关设备运行正常并做好记录。
(6) 确认系统空载运行正常后停运变频装置。

四、软启动器的带载试运

(1) 分别按远控、就地启泵程序启动软启动器。
(2) 在软启动器启动时记录最大带载启动电流。
(3) 试运 2h。

第六章　电气设备预防性试验管理

第一节　电气设备预防性试验的准备与分工

一、电气设备预防性试验前准备工作

每年电气设备预防性试验工作开展以前,应按照电气设备预防性试验周期,结合输油气生产运行情况,合理编制本年度的电气设备预防性试验及检修工作计划,并报输油(气)调度和电力调度。同时,结合生产运行情况和上年预防性试验结果,编制本年度预防性试验及检修工作方案。方案中应明确组织机构、职责分工、具体工作要求、风险提示及预控措施。计划及方案审核通过后,相关人员按照详细步骤进行实施。电气设备预防性试验前的准备工作主要内容包括以下几个方面。

1. 人员准备

(1) 经医师鉴定,无妨碍工作的病症(体格检查每两年至少1次)。

(2) 人员要熟悉《电业安全工作规程》(以下简称《安规》),每年参加一次该规程考试。并经考试合格后,方能参加工作。

(3) 具备有效的《电工进网作业许可证》和《特种作业操作资格证》。

(4) 各类作业人员应接受相应的安全生产教育和岗位技能培训,经考试合格后上岗。

(5) 作业人员要具备必要的安全生产知识,学会紧急救护法,特别要学会触电急救。

(6) 新参加电气工作的人员、实习人员和临时参加劳动的人员(管理人员、非全日制用工等),应经过安全知识教育后,方可参加指定的工作,并且不得单独工作。

(7) 外单位承担或外来人员参与本单位电气工作时,设备运行管理单位工作前应告知现场电气设备接线情况、危险点和安全注意事项。

(8) 开展JSA作业安全分析。

① 输油(气)站及试验队伍分别对操作、试验进行作业安全分析,制订风险控制措施。

② 工作完毕,应进行总结,提出完善建议。

(9) 针对新设备、新技术进行有效的培训。当有新设备、新技术引进的时候,或工艺、设备存在变更的时候,要及时组织操作人员进行理论及实践学习,确保试验人员熟练掌握新设备的使用以及新技术、新方法的应用。

2. 被试设备准备

(1) 输油(气)站电气管理人员应对站内电气设备进行摸底检查,掌握设备试验前存在的缺陷和问题,根据摸底检查情况制订试验、检修初步计划,确定需要采购的材料和备品备件。

(2) 上报预防性试验所需材料清单,并通过审核。

(3) 准备好被试设备制造厂的产品技术条件、出厂检验报告、说明书及历年检测试验报告，以便查找资料、对比分析试验数据。

(4) 联系各方[输油(气)调度、电力调度等]确定好具体的工作内容和范围、工作人员数量、停电时间以及需要停电的带电设备。

3. 试验设备准备

试验设备(这里泛指与试验有关的各种仪表、仪器、设备，包括计量器具)是电力试验的硬件手段，是试验能力的主要标志，试验仪器设备的性能与状态，直接关系到试验的结果。

(1) 应根据本单位所开展的试验工作，配齐、配足所需的仪器设备。

配齐的概念，不仅是指可测试有关物理量，而且含有在量程、准确度、分辨率等方面都能满足试验任务的含义。对于现场试验用的仪器设备，除了以上要求外，还需考虑其质量、体积、防震、抗干扰等因素。

通常，配备试验设备的步骤如下：

① 确定本单位(本部门)承担的测试任务(电气设备的种类及规格)。

② 根据试验标准，整理出每种电气设备所需试验的项目数量。

③ 根据方法标准，确定每种电气设备试验所需配备的试验设备。

④ 在上述基础上汇集出试验设备的种类、规格、数量。

⑤ 检查已有设备存在的问题及缺陷，并采取相应措施进行处理。

(2) 试验仪器、设备应满足试验需求，校验合格。

① 为了保证各设备按时接受检定、检验、校验，可编制检定周期表，其内容包括设备名称、型号、编号、检定周期、检定单位、最近检定日期、送检负责人等。试验人员按照检定周期表定期对仪器设备进行送检，确保其达到合格状态。

② 计量器具的检定要确保计量器具应该经有关政府行政部门考核合格，接受法定计量技术机构的量值传递，并且获得有效的合格证书。一般试验设备，可以采取送检或自检形式，送检可以选择返厂的方式进行，并取得试验报告。

③ 试验仪器在使用前要进行检查和调试，确保正常使用。

4. 作业现场准备

(1) 作业现场的生产条件、安全设施和安全工器具等应符合国家或行业标准规定的要求，工作人员的劳动防护用品应合格、齐备。工作现场使用的绝缘用具(绝缘手套、绝缘靴、绝缘拉杆、验电笔等)必须按《安规》要求定期检验合格，否则不能使用。

(2) 工作场所应配备急救箱，存放急救用品，并应指定专人经常检查、补充或更换。

(3) 作业现场严禁有其他施工人员，试验工作前确认现场无交叉作业的可能。

二、输油(气)站的工作

(1) 站工艺技术员提前1天同输油(气)调度申请次日检修工作内容。

(2) 站电气技术员提前1个月同地方电力调度申请停电检修。

(3) 第一种工作票应在工作前一日交给变电值班人员，临时工作可在工作开始前直接交给值班人员。

(4) 值班人员认真填写、审核倒闸操作票，并在模拟图板上模拟演练正确后，方可进行操作。

（5）每项倒闸操作前，应通知相关岗位注意监视设备运行状态。操作时，应穿戴、使用绝缘保护用具。操作前必须核对设备名称、编号和位置。操作过程中严格执行"唱票、复诵、操作、确认"八字方针，并做好各种记录。

（6）一经合闸即可送电到工作地点的隔离开关（刀闸）的操作把手应上锁，并填写《锁定操作票》和《锁具动态管理台账》。

（7）值班人员应做好试验期间的配合工作。

（8）试验完毕，应认真验收，检查接线牢固、相序正确、现场无遗留物，具体项目按《电气预防性试验检修过程控制表》执行。

三、试验班的工作

（1）工作前必须召开班前会，由工作负责人宣读工作票，说明当天的工作内容、安全措施、带电位置、注意事项。全体试验班成员到现场检查安全措施，无异议后，由工作负责人宣布开始工作。

（2）试验前，应装设遮栏或围栏，将试验区域与外界隔离，向外悬挂"止步，高压危险！"的标识牌，并派人看守。

（3）试验期间，工作负责人（监护人）必须始终在工作现场，对工作班人员的安全认真监护，及时纠正违反安全的动作。

（4）因试验需要断开设备接头时，拆前应做好标记，接后应进行检查。

（5）试验期间，因工作需要拆除安全措施的，工作完毕应立即恢复。

（6）在电容器组上或进入其围栏内工作时，应将电容器逐个多次放电并接地后，方可进行。

（7）登高作业应使用小车式升降平台或安全带，工作传递物件，不得上下抛掷。

（8）试验过程中认真记录试验数据，发现数据异常要查明原因。

（9）在进行与温度和湿度有关的各种试验时（如测量直流电阻、绝缘电阻、tanδ、泄漏电流等），应同时测量被试品的温度和周围空气的温度和湿度，室温指20℃。进行绝缘试验时，被试品温度不应低于+5℃，户外试验应在良好的天气进行，且空气相对湿度一般不高于80%。

（10）试验完毕，工作负责人应通知值班人员、生产科三方共同验收检查；小车开关、接线端子牢固、相序正确、现场无遗留物等，具体项目按《电气设备预防性试验检修过程控制表》执行。

（11）试验现场符合"工完、料净、场地清"的标准，工作组成员方可离开工作现场。

第二节　电气设备预防性试验主要工作内容和验收

电气设备预防性试验工作具有工作量大、危险性高、作业时间长的特点，为了提高该项工作的质量和安全性，就必须实现流程化、规范化管理。电气设备预防性试验管理重在各个环节，目前，主要通过《电气预防性试验过程控制表》在工作的每个中间环节控制把关，实现质量、安全控制。因此，电气设备预防性试验的过程指导与监督显得尤为重要。

一、电气设备预防性试验主要工作内容

1. 技术指导的主要依据
（1）Q/SY GD 1020—2014《油气管道电气设备预防性及检修试验手册》。
（2）作业指导书。
（3）被试设备的说明书、图纸、历年试验报告、保护装置定值单。
（4）试验设备的说明书、操作规范等技术资料。

2. 电气设备预防性试验工作的过程管理

预防性试验过程管理按照《电气预防性试验过程控制表》全面控制。预防性试验过程的指导及监督内容如下：

（1）签发工作票。

工作票应由电气设备运行单位的电气技术员或有签发工作票资质的主管领导签发，一式两份，使用黑色或蓝色的钢笔或圆珠笔填写，使用计算机打印的工作票在手写签名后方可执行。

重点：工作票所列安全措施应正确完备。

（2）模拟演练。

操作人接受电调令后填写倒闸操作票，并经监护人审核，操作前双方在模拟图板上进行核对性模拟演练，无误后，再进行设备操作。操作人在接受电调令时应复诵命令，并记录，接令全过程都应录音。

重点：核对性模拟演练时要严格按操作票内容进行核对。

（3）倒闸操作及安全措施布置。

倒闸操作必须由两人执行，其中一人对设备较为熟悉者作监护。操作前应核对设备名称、编号和位置，操作中应认真执行监护复诵制。发布操作命令和复诵操作命令都应严肃认真，声音宏亮清晰。必须按操作票填写的顺序逐项操作。每操作完一项，应检查无误后做一个"√"记号，全部操作完毕后进行复查。对断开的开关及控制电源进行锁定管理。

重点：严格执行复诵制，操作时必须严格按操作票执行。

（4）值班负责人对工作负责人交代现场。

值班负责人会同工作负责人到现场检查所做的安全措施，并对工作负责人指明带电设备的位置，确认检修设备状态，交代注意事项，然后双方在工作票上分别签名。

重点：交代现场内容必须与工作票所列内容一致，并按要求在《电气设备预防性试验检修过程控制表》中准确记录各设备状态及开关位置，在第（12）步工作时需再次确认，保证对设备状态的控制。

（5）工作负责人召开班前会。

工作开始前，工作负责人宣读工作票，向工作班成员交代注意事项。

重点：应详细交代工作范围（区域）、带电区域、风险。

（6）工作班人员共同检查现场安全措施。

工作班人员根据工作票所列的工作内容和安全措施，进行现场检查。

重点：检查的安全措施全面，对安全措施的质量进行细致的查看。

(7)试验人员试验前准备。

试验前,首先装设围栏,并悬挂警示标牌,拆除设备电缆头,然后清扫设备卫生。

重点:围栏及警示牌应起到作用,拆卸接头的位置正确,不存在来电风险。

(8)高压试验、保护试验。

每组试验至少由两人进行,试验过程中,工作负责人(监护人)必须始终在工作现场,对工作班人员的安全认真监护,及时纠正违反安全的动作。

重点:现场及设备符合高压试验条件,保护试验不存在甩机的危险,试验操作无违章行为。

(9)被试设备验收。

生产科、试验班、输油(气)站三方共同对试验检修设备进行验收:检查检修设备无遗留物、接线相序正确,接触牢固,保护定值恢复正常。

重点:检查无试验用临时导线遗留。

(10)进行整组验收。

生产科、试验班、输油(气)站三方共同对试验检修设备进行整组试验,确保设备各种保护可靠动作。

重点:试验的回路及设备不会影响其他设备的正常运行。

(11)试验人员将检修设备的状态恢复到试验前状态。

试验人员将检修设备开关、综保装置、保护压板等恢复到检修前状态,清扫、整理现场。

重点:按照《电气预防性试验过程控制表》执行。

(12)工作负责人向值班人员交代设备状态。

工作负责人向值班人员讲清所修项目、发现的问题、试验结果和存在问题等,并与值班人员共同检查设备状态。

重点:交代试验和发现问题及处理情况,按要求在《电气设备预防性试验检修过程控制表》中准确记录各设备状态及开关位置,与第(4)步工作时确认的设备状态一致,保证对设备状态的控制。

(13)办理工作票终结手续。

双方在工作票上签名,填明工作终结时间,工作票方告终结。

重点:工作票终结前,要检查现场工作全部完成,人员全部撤离,方可双方签字确认。

(14)试验数据管理。

应对试验结果进行综合分析和比较,与同类设备试验结果相比较,分析变化规律和趋势,对设备状态进行准确评价。

试验人员应提前打印上年试验报告用于记录试验数据,便于对比分析,试验完毕将试验报告整理为电子版。

重点:试验数据是否有较大的差异,设备存在哪些缺陷及隐患。

(15)编写预防性试验工作总结,并报上级主管部门。

重点:总结既要对发现和处理的问题进行分析总结,更要对试验管理过程中取得的经验和存在的问题进行总结,便于预防性试验工作不断提升。

二、电气设备预防性试验工作的验收

1. 被试设备完工验收

被试设备验收是指被试设备试验结束后，生产科、试验班、输油（气）站三方共同对试验检修设备进行的验收。其主要内容包括：

（1）检查被试设备无遗留物：检查变压器台、电动机接线盒、开关柜内、手车开关上、各接线柱、电容器室等工作地点和设备上无遗留的试验临时接线、擦布、工具、零部件等物品。

（2）检查接线相序正确：检查各电缆、接头接线相序是否正确，A 相、B 相和 C 相三相相色正确完好。

（3）检查接触紧固：用手试探各电缆、接线头、端子、接地线的螺栓紧固，接触面完全接触牢靠。

（4）检查设备状态恢复情况：对照《电气预防性试验过程控制表》检查试验后的各设备还原为原来位置、开关状态与试验之前一致，检查保护定值、压板投切、转换开关等状态的恢复情况。

（5）检查设备清洁：检查试验区域内的端子箱、开关柜、变压器台、绝缘子、绝缘瓷套清洁无污，检查工作现场整理干净。

2. 被试设备整组验收

生产科、试验班、输油（气）站三方共同对试验检修设备进行整组试验，确保设备远控、就地操作及各种保护可靠动作。其主要内容包括：

（1）整组传动试验。按过流保护定值设定标准值，在设备一次侧上加大电流，并在保护装置上和后台机监视保护动作过程，记录过流保护动作的时间、电流值，检验过流保护动作可靠。

（2）开关柜分、合闸试验。在开关柜上进行远方/就地分、合闸操作，试验开关是否准确分、合闸。试验时要有专人在后台机配合进行远方操作。检验开关是否正常、可靠动作。

（3）操作柱分、合闸试验。试验时要有一人在后台机进行监视，生产科技术人员、试验班人员、输油（气）站运行人员到设备操作柱现场进行操作。对于电动机在现场的分合闸来说操作时一般分三个步骤进行：①就地合闸、分闸一次；②就地合闸、紧急停机一次；③就地合闸、电动机侧紧急停机一次。该试验主要检测设备启动、停止、急停等功能是否正常。

3. 试验结果验收及问题处理

技术人员针对试验结果的验收主要依据 Q/SY GD 1020—2014《油气管道电力设备预防性及检修试验手册》的有关项目要求进行对比分析，结合设备的历年试验数据进行综合分析，判断电气设备是否存在隐患或缺陷。若发现隐患或缺陷应及时进行处理。

第三节　电气设备预防性试验数据分析与评价

一、电气设备预防性试验结果分析

电气设备预防性试验结果的综合分析就是比较法。具体地说，它包括如下几个方面：

（1）与设备历次（年）的试验结果相互比较。因为一般的电气设备都应定期地进行预防性试验，如果设备绝缘在运行过程中没有什么变化，则历次的试验结果都应当比较接近。如果有明显的差异，则说明绝缘可能有缺陷。

例如，某 66kV 电流互感器，连续两年测得的介质损耗因数 tanδ 分别为 0.58% 和 2.98%。由于认为没有超过要求值 3% 而投入运行，结果 10 个月后发生爆炸。实际上，只比较两次试验结果（2.98/0.58 = 5.1 倍），就能判断不合格，从而避免事故的发生。

（2）与同类型设备试验结果相互比较。因为对同一类型的设备而言，其绝缘结构相同，在相同的运行和气候条件下，其测试结果应大致相同，若悬殊很大，则说明绝缘可能有缺陷。

例如，某 66kV 电流互感器，连续两年测得的三相介质损耗因数 tanδ 分别为：A 相 0.213% 和 0.96%；B 相 0.128% 和 0.125%；C 相 0.152% 和 0.173%。没有超过要求值 3%，但 A 相连续两年测量值之比为 0.96/0.213 = 4.5，而且较 B 相和 C 相的测量值也显著增加，其比值分别为 0.96/0.125 = 7.68，0.96/0.173 = 5.5，由综合分析可见，A 相互感器的 tanδ 值虽未超过规定要求，但增长速度异常，且与同类设备比较悬殊较大，故判断绝缘不合格。打开端盖检查，发现上盖内有明显水锈迹，说明进水受潮。

（3）同一设备相间的试验结果相互比较。因为对同一设备，各相的绝缘情况应当基本一样，如果三相试验结果相互比较差异明显，则说明有异常的相绝缘可能有缺陷。

（4）与 Q/SY GD 1020—2014《油气管道电力设备预防性及检修试验手册》（以下简称《手册》）的要求值比较。对有些试验项目，《手册》中规定了要求值，若测量值超过要求值，应认真分析，查找原因，或再结合其他试验项目来查找缺陷。

例如，某 66kV 电流互感器，测得 A 相和 C 相的绝缘电阻均为 25MΩ，显著降低；测得该两相的 tanδ 和电容值 CX 分别为 3.27% 和 1670.75pF；3.28% 和 1695.75pF。tanδ 值超过要求值 3%，CX 较正常值 102pF 增大约 16.4 倍，根据上述测量结果可判断为绝缘受潮。检修时，从该互感器中放出大量水，证实了上述分析和判断的正确性。

（5）结合被试设备的运行及检修情况综合分析。

坚持科学的态度，对试验结果全面、历史地进行综合分析，掌握设备性能变化的规律和趋势，正确判断设备绝缘状况，为检修提供依据。为了更好地进行综合分析判断，除应注意试验条件和测量结果正确性外，还应加强设备的技术管理，健全并积累设备资料档案，做好设备全生命周期内技术资料的收集和存档。

二、电气设备预防性试验结果的分析判断

1. 绝缘电阻和吸收比测试的影响因素及分析判断

1）影响因素

（1）湿度影响。当空气的相对湿度增大时，绝缘物就容易受潮，从而使绝缘电阻降低，要求相对湿度小于 80%。

（2）温度影响。当温度升高时，绝缘的电导增大而使绝缘电阻降低。温度的影响是很大的，为了进行比较，必须对温度进行修正，对于不同的电气设备有不同的温度修正系数，并且有一定的误差。一般要求被试品及环境温度不低于 +5℃。

（3）表面状态的影响。表面的污染、受潮使绝缘物的表面电阻率下降，从而使绝缘电阻也下降。

(4) 试验电压大小的影响。随着试验电压的增加,绝缘电阻会减少,对良好的干燥绝缘的影响较小。所以,对于不同电压等级的电气设备应采用不同电压的兆欧表。

(5) 电气设备上剩余电荷的影响。剩余电荷的存在使被测数值会出现虚假现象(增大或减小),所以在测试前应对被试设备进行充分的放电。

(6) 接线和表计型式的影响。对同一设备应采用同一型式的表计和接线方式,否则也会出现误判断。

2) 分析判断

(1) 绝缘电阻应该大于规定的允许值。对不同的电气设备和部件的绝缘电阻的允许值是不同的,参考 Q/SY GD 1020—2014《油气管道电力设备预防性及检修试验手册》。

(2) 应将测得的值和同一设备过去的数据(包括出厂数据)、各相之间的数据及同类设备的数据进行比较。

(3) 在分析判断时,应充分排除各种影响因素,如湿度、温度、表面污染等。

2. 泄漏电流试验和直流耐压试验的影响因素及分析判断

1) 影响因素

(1) 温度的影响。当温度升高时,泄漏电流增大。

(2) 表面污染的影响。由于实测的泄漏电流应该是容积泄漏电流,所以应对被试设备的表面进行清扫和干燥,以消除表面泄漏电流的影响,也可采用屏蔽环将表面泄漏电流短路而不流过微安表。

(3) 加压速度的影响。加压速度过快,将影响吸收过程的完成,对电容量大的设备就有影响。在 Q/SY GD 1020—2014《油气管道电力设备预防性及检修试验手册》中规定试验电压按每级 $0.5U_n$(U_n 为额定线电压)分阶段升高,每阶段停留 1min。

(4) 微安表位置和高压连线的影响。这主要是杂散电流和电晕电流的影响。应按制造厂说明书接线及加屏蔽。

(5) 试验电压波形和极性的影响。要求试验电压的电源波形是正弦波形(交流)。对于泄漏电流较小的设备可采用正极性试验电压。按 Q/SY GD 1020—2014《油气管道电力设备预防性及检修试验手册》要求,一般情况下应采用负极性接线。

(6) 湿度影响。和绝缘电阻相似,应在空气相对湿度 80%以下进行。

2) 泄漏电流的分析判断

(1) 泄漏电流随电压不成比例显著增长时,应注意分析。

(2) 泄漏电流应不随时间的延长而增长。

(3) 所测得的泄漏电流值不应超出一般允许值。

(4) 将数值与过去数据、各相间和同类设备相比较。

(5) 应排除湿度、温度、污染等影响因素。

3) 直流耐压试验判断

(1) 被试品发生击穿。此时微安表指示突然增高或电压表指示明显下降。

(2) 被试品发生间隙性击穿。此时微安表指示周期性地大幅度摆动。但应排除电源波动、表面污染等影响。

(3) 耐压后的绝缘电阻比耐压前显著降低时,则绝缘有问题,甚至已击穿。

(4) 泄漏电流比上次试验变化很大,随电压升高或时间的延长而急剧上升时,应查明原因。

3. 介质损失角正切值试验的影响因素及分析判断

1）影响因素

（1）温度的影响。tanδ值受温度影响而变化，为了比较试验结果，对同一设备在不同温度下的变化必须将结果归算到一个公共的基准温度，一般归算到20℃。

（2）湿度的影响。在不同的湿度下测得的值也是有差别的，应在空气相对湿度小于80%下进行试验。

（3）绝缘的清洁度和表面泄漏电流的影响。可以用清洁和干燥外表面来将损失减到最小，也可采用涂硅油等办法来消除这种影响。

2）分析判断

（1）与Q/SY GD 1020—2014《油气管道电力设备预防性及检修试验手册》的要求值比较。

（2）对逐年的试验结果应进行比较，在两个试验间隔之间的试验测量值不应该有显著的增加或降低。

（3）当tanδ值未超过规定值时，可以补充测电容量来分析，电容量不应该有明显的变化。

（4）应充分考虑温度等的影响，并进行修正。

（5）通过测tanδ=$f(U)$的曲线，观察tanδ是否随电压而上升，来判断绝缘内部是否有分层、裂纹等缺陷。

4. 交流耐压试验的影响因素及分析判断

1）影响因素

（1）必须在被试设备的非破坏性试验都合格后才能进行此项试验，如果有缺陷（例如受潮），应排除缺陷后再进行试验。

（2）被试设备的绝缘表面应擦干净，对多油设备应使油静止一定的时间。如变压器应静止5~6h。

（3）应控制升压速度，在1/3试验电压以前可以快一些，其后应以每秒3%的试验电压连续升到试验电压值。

（4）试验前后应比较绝缘电阻、吸收比，不应有明显的变化。

（5）应排除湿度、温度、表面脏污等影响。

2）分析判断

（1）在规定的持续时间内做交流工频耐压试验，以不发生击穿为合格。

击穿的现象有：电流表指示突然大幅度上升或者电压表指示突然下降；过流继电器整定值正确的条件下发生跳闸；升压、耐压过程中出现跳火、冒烟、放电等现象，这说明绝缘有问题或击穿。

（2）交流工频耐压试验即使通过，不能说明线圈的匝间、层间绝缘没有问题，必要时应补充其他的试验。

三、设备状态评价管理

状态评价是电气设备完整性管理的重要组成部分，设备状态的具体情况同设备运行、检修计划的制订密切相关,设备状态的判断需要运行参数、试验数据作支撑,设备状态的评价除数据外,还需要建立相关的对照标准。通过一系列定量和定性的判断,确定设备状态。当状态劣化时,及时采取相应的维护和检修工作,使设备状态恢复到完好备用。是一个动态的过程,对设备状态的检测和分析需实时进行,要实现闭环控制。

评价管理模块设计,包括设备状态评价和设备风险等级评价两部分。设备状态评价流程图如图6-3-1所示。

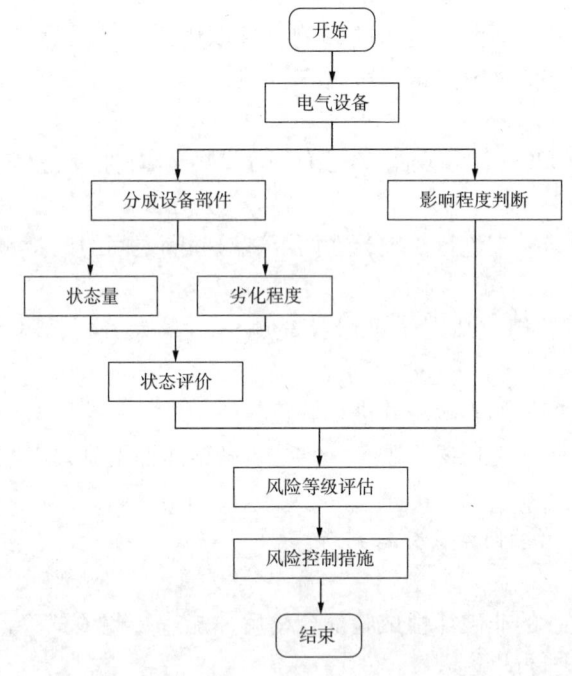

图6-3-1 设备状态评价图

1. 设备部件

部件是指构成设备的独立的组成部分,一般设备都是由几个相同或不同的部件构成的,如中压变频器就可以分为:配套变压器、功率单元、冷却风机、旁路开关、控制保护系统等几个部件组成。

2. 状态量

状态测量结果又称状态量:状态是指用来说明一个设备的完好情况的相关数据和信息,如试验结果、现场照片、视频、声音录制材料等。状态量包括普通状态量和关键状态量两类。

(1)状态量权重。

根据状态量对设备安全运行的影响程度,将权重从轻到重分为4个级别,权重系数1~4,一般状态量对应权重1和权重2,重要状态量对应权重3和权重4。

(2)状态量的劣化程度划分。

根据各个状态量的判断依据可以把状态量的劣化程度分为4级:依次编号为Ⅰ,Ⅱ,Ⅲ和Ⅳ,其中Ⅳ为劣化最严重。状态量扣分值及分级表见表6-3-1。

表 6-3-1 状态量分级表

状态量劣化程度 \ 权重系数 / 基本扣分值	1	2	3	4
Ⅰ	2	2	4	6	8
Ⅱ	4	4	8	12	16
Ⅲ	8	8	16	24	32
Ⅳ	10	10	20	30	40

状态量是状态评价的基础,对设备进行评价前,需要预先把各类设备的部件划分好,并定义每类部件的状态量的评价标准。状态量的标识及其判断依据,需要经验的积累,并在实际使用中不断进行修改完善。以 SF6 高压断路器为例,SF6 高压断路器分为本体、操动机构、分合闸线圈等部件。我们需要分别定义各部件的状态量标准。如断路器本体的状态量评价标准见表 6-3-2。

表 6-3-2 断路器本体状态量评价标准

序号	分类	状态量	劣化程度	判断依据	基本扣分	权重系数
1	巡视	接地连接锈蚀	Ⅰ	接地连接有锈蚀或油漆剥落	2	1
2	巡视	接地连接松动	Ⅲ	接地引下线松动	8	3
3	巡视	接地线已脱落,设备与接地断开	Ⅳ	接地线已脱落,设备与接地断开	10	4
4	巡视	外观	Ⅲ	外观有破损或有渗漏油	8	3
5	巡视	压力表指示	Ⅳ	压力表指示异常	10	4
⋮	⋮	⋮	⋮	⋮	⋮	⋮
15	试验	主回路电阻值	Ⅰ	和出厂值比较有明显增长但不超过20%	2	4
16	试验	主回路电阻值	Ⅱ	超过出厂值的20%但小于50%	4	4
17	试验	主回路电阻值	Ⅲ	超过出厂值的50%	8	4

(3) 部件状态评价。

根据设备部件的实际情况,参照状态量定义确定状态量的劣化程度,并结合权重计算扣分值。计算出部件各状态量的扣分值后,根据所有状态量的总扣分值和单项最大扣分值对设备部件的状态进行评价。

3. 设备状态

设备状态分为正常、注意、异常和严重 4 种状态。设备状态定义见表 6-3-3。

表 6-3-3 设备状态定义表

状态分类	定义	判断条件
正常状态	电气设备的各种状态测量结果都在相关标准范围内,可以按照设备的正常状态运行	当任一状态量单项扣分和部件合计扣分同时达到正常状态的规定值时,判断为正常状态

续表

状态分类	定义	判断条件
注意状态	一项或多项的状态测量结果的变化非常大，马上就要达到相关标准的极限值，如果再严重，就会超过标准范围，虽然可以运行，但应加密巡检、严格监视	当任一状态量单项扣分或部件合计扣分同时达到注意状态的规定值时，判断为注意状态
异常状态	电气设备的部分状态测量结果已经超出了相关标准的要求，已经不能正常运行的状态就是异常状态	当任一状态量单项扣分达到异常状态的规定值时，判断为异常状态
严重状态	表示设备的状态测量结果远远超出了标准的规定范围，不能运行或运行将出现严重的后果的设备状态	当任一状态量单项扣分达到严重状态的规定值时，判断为严重状态

下面以 SF6 高压断路器为例说明如何对部件的状态进行评价，见表 6-3-4。

表 6-3-4 设备部件总体评价标准

评价状态 部件	正常状态		注意状态		异常状态	严重状态
	合计扣分	单项扣分	合计扣分	单项扣分	单项扣分	单项扣分
断路器本体	≤30	≤10	>30	12~20	24~30	>30
操作机构	≤20	≤10	>20	12~20	24~30	>30
并联电容器	≤12	≤10	>20	12~20	24~30	>30
合闸电阻	≤12	≤10	>20	12~20	24~30	>30

首先对设备的各部件进行状态评价，然后综合各部件的状态评价结果决定设备的健康状态。当所有部件评价为"正常状态时"，设备的评价才为"正常状态"，当任一部件的状态为"注意状态""异常状态"或"严重状态"时，设备应评价为其中最严重的状态。

4. 影响程度判断

影响程度评估是根据设备价值和负荷等级两个因素评价计算电气设备对应的影响等级。每个因素分为不同的等级，各等级的影响值范围是 0~10，在影响程度估标准中设定了具体的划分依据。设备价值因素(A_1)根据设备的电压等级划分，参见表 6-3-5。

表 6-3-5 电压影响值对应表

电压等级	影响值
110V	1
220V	2
380V	3
6kV	4
10kV	5
33kV	6
35kV	6
66kV	8
110kV 及以上	10

设备定位因素(A_2)的具体划分依据见表 6-3-6。

表 6-3-6　负荷影响值对应表

负荷等级	影响度值
一级负荷	10
二级负荷	6
三级负荷	3

各因素的权重见表 6-3-7。

表 6-3-7　权重表

用户等级	权重
电压等级(W_1)	0.6
负荷等级(W_2)	0.4

在设备铭牌管理中，每类设备都定义了电压等级和用户等级这两个必须填写的属性，根据这两个属性并结合下面的公式计算出设备的影响度值：

设备影响值=设备价值影响值×设备价值权重+用户等级影响值×用户等级权重

即

$$设备影响值(A) = A_1 W_1 + A_2 W_2$$

根据上面公式计算出设备的影响值后，按表 6-3-8 计算设备的影响等级。

表 6-3-8　影响等级

影响等级	影响值下限	影响值上限
低影响	>0	≤4
中影响	>4	≤7
高影响	>7	≤10

设备的影响等级是根据设备自身的电压等级和所在生产过程中的负荷等级确定的，是设备自身的固有属性，影响等级的确认为后期开展风险等级评估奠定了基础。

5. 风险等级评估

电气设备的状态评价完成后，根据设备台账信息中的影响等级和如下的"状态—影响等级—风险等级"对应表，评估设备风险等级。对照风险矩阵，首先完成设备影响等级确认，然后根据设备状态实时评价的结果对照风险矩阵表格，查找到设备具体的风险等级，风险矩阵是固定的，设备根据自身属性和状态评价结果寻找在系统中的准确定位。风险矩阵见表 6-3-9。

表 6-3-9　风险矩阵

影响 状态	低影响	中影响	高影响
严重	中风险	高风险	高风险
异常	中风险	中风险	高风险
注意	低风险	中风险	中风险
正常	低风险	低风险	中风险

风险评估就是根据各类设备的不同类别和对生产运行的影响，来确定其重要性，当重要的设备出现异常时，其风险等级相对较高，当辅助设施或备用系数较高的设备出现异常时，其风险等级相对降低，根据风险评估的结果，设备管理人员就可以将有限的维修资源优先考虑高风险的设备缺陷，从而确保输油气生产安全。

6. 风险控制措施

电气设备经评价确定状态情况和风险等级后，要及时制订并采取有效的控制措施，其中控制措施包括：正常巡视、按周期试验检修；加密巡视、缩短试验检修周期；减少运行时数、启用备用设备、适时安排检修；立即停用设备、全面测试评价、立即开展检修。上述措施是针对设备状态和风险不同制订的不同设备技术控制措施，对应情况见表6-3-10。

表6-3-10　风险控制措施表

状态	风险等级	控制措施
正常	低风险	正常巡视、按周期试验检修
注意	中风险	加密巡视、缩短试验检修周期
异常	中风险	减少运行时数、启用备用设备、适时安排检修
严重	高风险	立即停用设备、全面测试评价、立即开展检修

在采取上述技术控制措施基础上，针对设备状态和风险情况，还要确认备品备件是否满足维修需要，如不能满足需提前组织需更换部件的采购，联系设备厂家做好技术支持。对关键设备如主变压器等，要在运行方案上编制相关的应急处置预案，做好设备故障停电期间，输油生产供电方式的调整，当有可能出现全站失电事件时，还要及时启动全站失电应急预案，启动应急发电机组保障应急供电。相关设备情况还要向上级和输油气调度汇报，在站场供电不能满足输油气运行要求时，安排站场压力越站或申请管道停输。针对电气设备风险评估结果，要采取有效的控制措施，一方面控制设备缺陷发展的速度，尽快修复；另一方面，降低设备缺陷对输油气生产运行整体的影响。

第四节　电气设备预防性试验的资料管理

一、试验数据与试验报告的形成和归档

试验记录应采用统一的表格，使用法定计量单位。

记录表内容至少应包括以下各项：

(1)检测时间、地点、环境条件。

(2)所用仪器设备的名称、型号、编号、试验前后的检查情况。

(3)被测设备的名称、编号、检测结果。

(4)参试人员、复核人员的签名。

此外，还应留有一定的备注空间，用以记录试验中可能出现的情况，如某些项目的缺试或降低试验标准的原因，测试仪器或人员的临时变动、被试品数据的异常及采取的复测手段等。

为了提高记录的清晰度，便于现场记录，固定的内容可预印入表，记录时只需作圈划选择即可。

试验记录应使用钢笔或圆珠笔（不可用铅笔）填写。填写应清楚、整齐、完整，无关栏目应划去。备注填写应适当详细，以便日后查阅。用词准确、简练，如在试验中一时来不及记全，可用符号或简单文字标注，待试验完成或告一段落时，即补充完整。

原始记录应尽量避免涂改，必须修改时，应该采用规范的修改方法（如划两条水平线，将更正数据填在上方），以保证数据的清晰。为了表示负责，修改处应加盖修改人便章。

试验数据的有效位数，应该与试验设备的准确度相适应，不足部分，以"0"补齐，以使试验数据的有效位数相等。

试验报告是试验单位（或部门）对外的正式文件，要求比试验记录有更高的内在和外观质量。试验报告应做到格式统一、填写完整、文字简洁、字迹清楚、数据准确、结论正确、签名齐全，并采用法定计量单位。不得用铅笔填写，不允许更改，有条件的，应尽量采用计算机来处理试验数据、出具试验报告。

试验报告是试验工作的最终产品。由于种种原因，试验中所记录的内容，往往存在这样那样的问题，如漏试、错试、错判、漏填、错填、臆造等。为了防止差错，必须建立试验报告的复核审查制度，由责任心强、有相当业务能力的人担任审核。

试验报告的审核，应注意以下几个方面工作：试验报告与设计图纸核对；试验报告与试验记录核对；试验数据（或结论）与试验标准进行比较；被试品数据与同类（或同批）产品参数横向比较；被试品本次数据与其历史数据纵向比较；通过各方面的核对、比较、分析清楚，必要时还需组织重测。

实践证明，多重审查是减少试验报告中数据差错率的有效手段。各种审查毕竟属于事后监督，若以全面质量管理的观点来看，更好的办法是抓好前期工序，即保证试验现场操作、记录、复核等环节的工作质量，发现问题及时纠正。

二、其他资料的形成和归档

（1）按照基于预防性试验的电气设备完整性管理的要求，结合预防性试验结果，每年预防性试验结束后1月内通过对试验数据进行整理、归档、分析，完成电气设备的状态评价和风险评估，并形成报告，报上级主管部门审核，以便掌握设备状况分布情况，为做好设备检修和更新改造计划提供参考依据。

（2）工作票执行完毕后，当值的值班人员在备注栏内加盖"已执行"章。使用过的两份工作票均由变电所保存，每月由电气技术员统一整理、收存，工作票保存期为一年。

（3）电气预防性试验工作中所执行的《电气设备预防性试验检修过程控制表》需要被试部门技术人员提前一天准备好，以便工作时签字执行，已经完成签字的表单，一定要归档保存至少一年。

（4）试验仪器仪表的校验报告（或变压器油样检验报告）要有专门机构盖章，并注明是否合格，该校验报告要及时归档，保存期为一年。

第七章 防雷防静电管理

第一节 防雷防静电装置检查

一、每季度对防雷防静电装置检查

日常检查,随设备检查进行。雷雨季节加强检查。

二、户外避雷器的检查项目

(1) 检查瓷质部分应无破损、裂纹及放电痕迹。
(2) 检查避雷器固定是否牢靠,紧固安装螺栓等固定部件。
(3) 检查避雷器线路侧和接地侧的接线端子应紧固,应无放电烧伤痕迹,损伤者予以更换。
(4) 检查引线及接地下引线应无烧伤痕迹及断股现象,烧伤、断股者应更换。
(5) 金属件应无锈蚀,油漆应完整。
(6) 放电记录器应完好。

三、避雷针的检查项目

(1) 检查避雷针应固定牢靠,杆塔无倾斜。
(2) 检查接地线应连接可靠,无锈蚀和断裂现象。
(3) 测量接地电阻合格。

四、接地装置的检查项目

(1) 接地线应无损伤、折断和腐蚀现象。
(2) 检查接地支线和干线的连接是否牢固可靠。
(3) 检查自然接地体是否牢固。
(4) 更换已损坏的连接片及螺栓,对腐蚀截面大于原截面1/3的地面引线可采用并接线加强措施,对地面引线应测量连接点的直流电阻和重刷防腐涂料。
(5) 接地线与电气设备及接地网的连接应可靠,如有松动和脱落应及时补焊。
(6) 接地装置的埋引线在距离地面0~300mm段容易受腐蚀,要注意检查,发现腐蚀严重的可采用并接线加强措施。
(7) 对含有重酸、碱、盐或金属矿岩等化学成分的土壤地带,第5年对接地装置的地下部分挖开地面进行检查,观察接地体腐蚀情况。

第二节　防雷防静电装置维护、检测要求

一、一般原则

（1）每年雷雨季节之前应对站场的防雷接地装置进行一次全面的检测，易燃易爆场所防雷接地测试应每年2次，并建立专门的防雷接地档案，保存各接地装置和防雷装置的原始记录以及日常防雷检测记录。检测中发现问题及时上报，并修复。

（2）对于遭受雷击损坏的站场，应及时统计并记录雷击损失情况，并上报上级主管部门。对雷击现场损坏的应拍摄照片，连同损失情况等资料存入防雷接地档案。

（3）对于遭受雷击损坏的站场，应及时对损害点的防雷接地状况进行勘察并分析雷击损失原因，针对不足应及时进行整改。

（4）对于遭受雷击较为严重的站场，应适度增加检测的次数。

（5）连接处不应有夹渣、气孔、咬边及未焊透现象，搭接长度不低于扁钢宽度的2倍。

（6）单体设备有两个及以上的接地极时，应装设断接卡，测试时要分别打开进行测量，测试结束后，要对搭接面的锈蚀、不导电情况进行处理。

二、接闪器检查内容

（1）目测接闪器以及引下线的设计安装是否符合其技术要求。

（2）对避雷器、避雷带和避雷网以及其引下线的可靠性以及锈蚀情况进行检查，特别注意焊接点的锈蚀情况。

三、检测地网内容

（1）地网腐蚀程度（年限）与土壤构成有关，有限期一般为10~20年。是否对其修补或改造，只能通过对接地电阻测量值的比较及对接地体抽样检查决定，地网抽样检查周期不超过5年。

（2）地网宜每年巡检一次，检查内容为包括测试接地电阻值、检查接地引出线（出土部分）的锈蚀度以及连接牢固度。

（3）正常维护检测时，发现接地电阻值出现较大偏差时，在无法找出表面原因时，应重新检查隐蔽工程。

（4）每隔5年选择部分焊接点进行挖开检查，当锈蚀部分超过接地体横截面积的1/3时，应及时更换接地体。

四、户外电缆防雷接地检测内容

（1）检查外层铠装（屏蔽层）的外露接地引线、引出扁钢（出土部分）等有无机械损伤和锈蚀过度而断裂、折断的现象，上述设施有无人为损伤。发现松脱或腐烂/腐蚀的结合点后，应进行清洁、紧固或替换。

（2）如果信号线缆端设备发生雷击损坏，应对两端的屏蔽情况进行检查，必要时应对地埋的连接点进行开挖检查。

五、机房内等电位连接检查内容

（1）检查机房内等电位连接结构应符合要求。
（2）检查各设备接地线线径应符合要求，连接应可靠。
（3）检查光缆金属加强芯应按照要求接地。

六、SPD 检测内容

（1）检查电源 SPD 配置应符合要求。
（2）检查 SPD 的接地线线径以及长度应符合要求，检查 SPD 接地线应连接可靠。
（3）如果 SPD 有指示灯，检查器指示灯应指示正常。

第三部分 电气工程师资质认证试题集

初级资质理论认证

初级资质理论认证要素细目表

行为领域	代码	认证范围	编号	认证要点
基础知识A	A	基本概念与一般要求	01	标准规范
			02	基本概念
			03	一般要求
	B	变电所管理	01	运行管理
			02	安全管理
			03	设备管理
			04	事故处理
	C	电气设备预防性试验基础知识	01	电气设备预防性试验概述
			02	电气设备预防性试验方法和项目
专业知识B	A	电气安全管理	01	高压电气设备上工作的基本要求
			02	保证安全的组织措施和技术措施
			03	电气安全用具的管理
			04	电气锁定管理
			05	临时用电管理
			06	电气安全技术措施与反事故措施
	B	电气设备运行与维护检修管理	01	电气设备运行、操作及故障处理
			02	电气设备检修计划的制订
			03	电气设备的检修
			04	电气设备检修后的试运和投用
	C	电气设备预防性试验管理	01	电气设备预防性试验准备工作及安排
			02	电气设备预防性试验
			03	电气设备预防性试验数据分析及评价
			04	电气试验相关技术资料的形成与归档
	D	防雷防静电管理	01	防雷防静电装置检查
			02	防雷防静电装置维护、检测要求

初级资质理论认证试题

一、单项选择题（每题 4 个选项，将正确的选项号填入括号内）

第一部分 基础知识

基本概念与一般要求部分

1. AA01《电业安全工作规程》的标准号是（ ）。
   A. DL 408—1991   B. DL 409—1991   C. DL 410—1991   D. DL 407—1991
2. AA02 发电、输电和（ ）是电力系统的三大组成部分。
   A. 供电   B. 配电   C. 用户   D. 变电
3. AA02 配电系统的 TT 接地方式是（ ）。
   A. 保护接地系统   B. 接零保护系统
   C. 没有工作接地   D. 经过高阻抗接地
4. AA02 配电系统的 TN 接地方式是指电气设备的金属外壳（ ）的保护系统。
   A. 直接接地   B. 与工作零线相接
   C. 没有接地   D. 经过高阻抗接地
5. AA02 配电系统按接地方式的不同分为三类，即 TT 系统、TN 系统和（ ）系统。
   A. PT   B. TP   C. TI   D. IT
6. AA02 变电所的电气主接线是由高压电气设备通过连接线组成的（ ）电能的电路。
   A. 接受和分配   B. 导通   C. 使用   D. 分配和使用
7. AA02 单母线接线的缺点是（ ）。
   A. 接线简单   B. 操作方便   C. 投资多   D. 供电可靠性低
8. AA02 在单母线接线方式中间位置设置断路器没有解决（ ）问题。
   A. 可用于双电源变电所
   B. 当其中一段母线检修时，可以将该母线停电、另一段照常工作
   C. 任一分段母线检修，该母线所连接的所有回路都要停止工作
   D. 线路故障时不影响另一段母线正常运行
9. AA02 不是双母线接线特点的是（ ）。
   A. 供电可靠性大
   B. 供电可靠性低
   C. 每一回进出线与两条母线之间各装一组隔离开关
   D. 两组隔离开关只有一组处于合闸状态
10. AA02 电气主接线中不属于有母线接线方式的是（ ）。
    A. 单母线接线   B. 双母线接线   C. 带旁路母线   D. 内桥接线
11. AA02 当检修某一条线路时，该线路不须停电的接线方式是（ ）。
    A. 单母线接线   B. 双母线接线   C. 单母线分段   D. 带旁路母线

12. AA02 在长输管道变电所中运行的电压等级中没有的是(　　)。
A. 10kV	B. 35kV	C. 66kV	D. 500kV
13. AA02 我国电力系统中没有的电压等级是(　　)。
A. 110V	B. 220V	C. 380V	D. 6000V
14. AA02 变电所中电气设备按其作用不同一般分为(　　)。
A. 主要设备和辅助设备	B. 一次设备和二次设备
C. 主要设备和次要设备	D. 在用设备和报废设备
15. AA02 不是变压器的作用的是(　　)。
A. 传递能量	B. 改变电压
C. 提供稳定的电源	D. 电能转换为机械能
16. AA02 高压电动机的作用是(　　)。
A. 电能转换为机械能	B. 机械能转换为电能
C. 提供无功补偿	D. 改善功率因数
17. AA02 电容器的作用没有(　　)。
A. 保证电能质量	B. 控制和保护作用
C. 提供无功补偿	D. 改善功率因数
18. AA02 不属于高压开关电器的是(　　)。
A. 断路器	B. 隔离开关	C. 互感器	D. 熔断器
19. AA02 不是二次设备的作用的是(　　)。
A. 监察测量	B. 操作控制	C. 保护	D. 传递能量
20. AA02 在变电所综合自动化系统中,计算机起的作用没有(　　)。
A. 存储记忆	B. 逻辑判断	C. 数值运算	D. 联网
21. AA02 与其他设备不是同一原理的设备是(　　)。
A. 变压器	B. 断路器	C. 电流互感器	D. 电压互感器
22. AA02 在变电所中属于二次设备的是(　　)。
A. 变压器	B. 断路器	C. 继电器	D. 电压互感器
23. AA02 不属于二次回路的是(　　)。
A. 控制回路	B. 保护回路	C. 操作回路	D. 电源回路
24. AA02 下列设备不能在电能和其他形式能量之间转换的设备是(　　)。
A. 变压器	B. 直流电动机	C. 异步电动机	D. 柴油发电机
25. AA03 对爆炸和火灾危险环境场所的防雷装置应当每年检测(　　)次。
A. 1	B. 2	C. 3	D. 不用检测
26. AA03 单体设备有(　　)接地极时,应装设断接卡,测试时要分别打开进行测量,测试结束后,要对搭接面的锈蚀、不导电情况进行处理后,不应涂抹导电膏。
A. 1个	B. 2个	C. 4个	D. 2个及以上的
27. AA03 (　　)主要用于保护电气设备。
A. 避雷器	B. 避雷线	C. 接地网	D. 引下线
28. AA03 雷雨天气(　　)测量防雷接地装置接地电阻。
A. 可以	B. 不可以	C. 有人监护可以	D. 尽量避免

29. AA03 投入使用后的防雷装置实行定期检测制度。防雷装置应当每年检测一次，对爆炸和火灾危险环境场所的防雷装置应当每半年检测（　　）次。
    A. 1   B. 2   C. 3   D. 4

30. AA03 本安型人体静电消除器的电荷转移量不得大于（　　）。
    A. 0.1μC   B. 0.01μC   C. 1μC   D. 0.5μC

31. AA03 可以在爆炸危险场所穿用的是（　　）。
    A. 防静电工作服 B. 高筒雨鞋 C. 橡胶雨衣 D. 钉子鞋

32. AA03 防雷建筑物分（　　）类。
    A. 1   B. 2   C. 3   D. 4

33. AA03 爆炸危险场所应根据爆炸性气体混合物出现的频率、持续时间进行分区，分（　　）区。
    A. 1   B. 2   C. 3   D. 4

34. AA03 在正常运行中不可能产生爆炸性气体混合物，即使产生也只能短时间存在的场所是（　　）区。
    A. 0   B. 1   C. 2   D. 3

35. AA03 工作时人体与35kV带电设备导体之间应保持的最小安全距离为（　　）。
    A. 0.1m   B. 0.7m   C. 1.0m   D. 1.5m

变电所管理部分

36. AB01 无人值守变电所是指变电所内不设（　　）人员对变电所内的设备进行监视、操作和日常管理，依靠远方监控系统实现远方操作和获取相关信息的变电所。
    A. 任何   B. 兼职   C. 专职   D. 指定

37. AB01 变电所技术人员由输油气站（　　）担任。
    A. 电工班长 B. 站长   C. 电工   D. 电气技术员

38. AB01 电气倒闸操作、维检修工作不得少于（　　）人。
    A. 1   B. 2   C. 3   D. 4

39. AB01 电气设备上工作应严格执行（　　）。
    A. 工作票制度、工作许可制度、工作监护制度、工作间断、转移和终结制度
    B. 工作票制度、工作许可制度、工作监护制度
    C. 工作许可制度、工作监护制度、工作间断、转移和终结制度
    D. 工作票制度、工作许可制度、工作监护制度、工作转移和终结制度

40. AB01 电气人员应参加（　　）培训和考试，考试合格方可从事电气工作。
    A. 电气作业指导书   B. 电业安全工作规程
    C. 变电所管理规定   D. 电气专业体系文件

41. AB01 主值班员应由具有（　　）水平的人员担任。
    A. 高级工   B. 初级工   C. 中级工   D. 中级工及以上

42. AB01 单人值班员应由具有（　　）水平的人员担任。
    A. 高级工   B. 中级工及以上 C. 中级工   D. 初级工

43. AB01 维修电工应由熟悉设备原理、结构、检修工艺和规程的（　　）的人员担任。

A. 高级工 B. 中级工及以上 C. 中级工 D. 初级工

44. AB02 倒闸操作应由（　　）人进行，由对设备较熟悉的人担任监护人。特别重要和复杂的倒闸操作应由技术熟练的主值班员操作，由电气技术员监护。
    A. 1 B. 2 C. 3 D. 多

45. AB02 执行后的操作票应按时存档，每月由技术员进行整理后收存，操作票保存期为（　　）。
    A. 1年 B. 6个月 C. 3个月 D. 1个月

46. AB02 电力设备的固定遮栏门、单一电力设备及线路侧接地刀闸应（　　）锁定。
    A. 电气 B. 机械 C. 禁止 D. 加锁

47. AB02 操作票由（　　）填写。
    A. 操作人 B. 监护人 C. 值长 D. 技术员

48. AB02 带电设备不能满足安全距离要求的，应设遮拦。遮拦应完好无损，并应悬挂（　　）的标识牌。
    A. 禁止攀登，高压危险 B. 当心触电
    C. 止步、高压危险 D. 从此出入

49. AB03 电气设备缺陷分类不包括（　　）。
    A. 危急 B. 严重 C. 一般 D. 轻微

50. AB04 下列事故终止累计安全运行天数的电气事故的是（　　）。
    A. 发生越级跳闸，造成电力系统事故
    B. 发生人身重伤、死亡事故
    C. 由于误操作造成全所停电
    D. 以上都是

电气设备预防性试验基础知识部分

51. AC01 （　　）是指对已投入运行的设备按规定的试验条件（如规定的试验设备、环境条件、试验方法和试验电压等）、试验项目、试验周期所进行的定期检查或试验，以发现运行中电力设备的隐患、预防发生事故或电力设备损坏。
    A. 电力设备交接试验 B. 电力设备预防性试验
    C. 电力设备维护检修 D. 电力设备定期巡检

52. AC01 电力设备预防性试验的试验条件包括（　　）。
    A. 试验电压 B. 试验方法 C. 试验设备 D. 以上都是

53. AC02 以下不是电气设备预防性试验方法和项目的分类方式的是（　　）。
    A. 按对电气设备绝缘的危险分 B. 按试验的难易程度分
    C. 按停电与否分 D. 按测量的信息分

54. AC02 在较低电压（低于或接近额定电压）下进行的试验称为非破坏性试验。主要指测量绝缘电阻、泄漏电流和（　　）等电气试验项目。
    A. 直流耐压试验 B. 交流耐压试验
    C. 特性试验 D. 介质损耗因数（$\tan\delta$）

55. AC02 非电气法是指测量各种非电信息的方法,以下是非电气法的是( )。
   A. 泄漏电流　　　　　　　　　B. 介质损耗因数 $\tan\delta$
   C. 气体色谱分析　　　　　　　D. 直流电阻

第二部分　电气技术管理及相关知识

电气安全管理部分

56. BA01 全部停电的工作,系指( )。
   A. 室内高压设备全部停电
   B. 室外高压设备全部停电(包括架空线路与电缆引入线在内)
   C. 带电设备外壳上或导电部分上进行的工作
   D. 室内或室外高压设备停电

57. BA01 倒闸操作票应填写设备的( )。
   A. 运行编号　　B. 设备规格　　C. 双重名称　　D. 设备名称

58. BA01 倒闸操作必须根据( )命令,受令人复诵无误后执行。
   A. 值班调度员或值班负责人　　　B. 值班调度员或工作负责人
   C. 值班负责人或工作负责人　　　D. 值班负责人或工作许可人

59. BA01 雷雨天气,需要巡视室外高压设备时,应( ),并不得靠近避雷器和避雷针。
   A. 穿绝缘靴　　　　　　　　　B. 戴绝缘手套
   C. 穿绝缘靴、戴绝缘手套　　　D. 戴安全帽

60. BA01 倒闸操作中,操作人和监护人应根据( )核对所填写的操作项目,并分别签名,然后经值班负责人审核签名。特别重要和复杂的操作还应由值长审核签名。
   A. 模拟图板或接线图　　　　　B. 开关实际位置
   C. 操作票范本　　　　　　　　D. 现场设备

61. BA01 倒闸操作中发生疑问时,应立即停止操作并向值班调度员或值班负责人报告,弄清问题后,再进行操作。不准擅自( ),不准随意解除闭锁装置。
   A. 更改工作票　　B. 更改操作票　　C. 更改操作　　D. 更改操作人

62. BA01( )操作必须按照断路器(开关)—负荷侧隔离开关(刀闸)—母线侧隔离开关(刀闸)的顺序依次操作。( )操作应按与上述相反的顺序进行。
   A. 送电合闸,停电拉闸　　　　B. 停电拉闸,送电合闸
   C. 设备操作,停电拉闸　　　　D. 倒闸,送电合闸

63. BA01 倒闸操作由( )填写操作票。
   A. 检修人员　　B. 值班员　　C. 操作人　　D. 监护人

64. BA01 经批准允许( )高压设备的人员,巡视高压设备时,不得进行其他工作,不得移开或越过遮栏。
   A. 两人巡视　　　　　　　　　B. 无人值守变电所
   C. 检查　　　　　　　　　　　D. 单人巡视

65. BA01 倒闸操作票应用钢笔或圆珠笔填写，票面应清楚整洁，不得（　　）。
A. 任意涂改　　　B. 作废　　　C. 修改　　　D. 写错

66. BA01 断路器（开关）遮断容量应满足电网要求。如遮断容量不够，必须将操作机构用墙或金属板与该断路器（开关）隔开，并设远方控制，重合闸装置（　　）。
A. 可继续使用　　　　　　　　B. 必须停用
C. 没有要求　　　　　　　　　D. 继续使用并进行锁定

67. BA01 电气设备停电后，即使是事故停电，在（　　）以前，不得触及设备或进入遮栏，以防突然来电。
A. 未断开断路器和做好安措　　B. 未做好安措
C. 未拉开有关隔离开关　　　　D. 未拉开有关隔离开关和做好安措

68. BA01 下列各项工作可以不用操作票：（1）事故处理；（2）（　　）；（3）拉开接地刀闸或拆除全厂（所）仅有的一组接地线。上述操作应记入操作记录簿内。
A. 做安措　　　　　　　　　　B. 拉合断路器的单一操作
C. 拉合主变中性点地刀闸　　　D. 简单的倒闸操作

69. BA02 工作许可人在完成施工现场的安全措施后，还应：（1）会同工作负责人到现场再次检查所做的安全措施，以手触试，证明检修设备确无电压；（2）（　　）；（3）和工作负责人在工作票上分别签名。完成上述许可手续后，工作班方可开始工作。
A. 对工作负责人指明带电设备的位置
B. 对工作人员指明带电设备的位置和注意事项
C. 对工作负责人指明带电设备的位置和注意事项
D. 对工作许可人指明带电设备的位置和注意事项

70. BA02 检修高压电力电缆应（　　）。
A. 口头或电话命令　　　　　　B. 不填工作票
C. 填用第二种工作票　　　　　D. 填用第一种工作票

71. BA02 工作负责人、工作许可人任何一方不得擅自变更安全措施，值班人员不得变更有关（　　）。工作中如有特殊情况需变更时，应事先取得对方的同意。
A. 工作票中的内容　　　　　　B. 检修设备的运行接线方式
C. 计划工作时间　　　　　　　D. 运行设备的接线方式

72. BA02 工作期间，若工作负责人需要长时间离开现场，应由（　　）变更新工作负责人，两工作负责人应做好必要的交接。
A. 工作许可人　　　　　　　　B. 原工作票签发人
C. 工作票签发人　　　　　　　D. 原工作负责人

73. BA02 工作期间，若专责监护人必须长时间离开工作现场时，应由（　　）变更专责监护人，履行变更手续，并告知全体被监护人员。
A. 工作许可人　　　　　　　　B. 原工作票签发人
C. 工作票签发人　　　　　　　D. 工作负责人

74. BA02 完成工作许可手续后，工作负责人（监护人）应向工作班人员交待现场（　　）。工作负责人（监护人）必须始终在工作现场，对工作班人员的安全认真监护，及时纠正违反安全的动作。

A. 安全措施和其他注意事项
B. 带电部位和其他注意事项
C. 安全措施,带电部位和其他注意事项
D. 安全措施和带电部位

75. BA02 填用第二种工作票的工作为:(1)(　　);(2)控制盘和低压配电盘、配电箱、电源干线上的工作;(3)二次结线回路上的工作,无需将高压设备停电者;(4)转动中的发电机、同期调相机的励磁回路或高压电动机转子电阻回路上的工作;(5)非当值值班人员用绝缘棒和电压互感器定相或用钳形电流表测量高压回路的电流。
A. 二次系统和照明等回路上的工作,需要停高压设备者
B. 带电作业和保护定校
C. 保护定校
D. 带电作业和在带电设备外壳上工作

76. BA02 在几个电气连接部分上依次进行不停电的同一类型的工作(　　)。
A. 可以发给一张第一种工作票
B. 可以发给一张第二种工作票
C. 可不用发工作票
D. 都可以

77. BA02 工作票签发人安全责任:工作必要性;工作是否安全;工作票上所填(　　)是否正确完备;所派工作负责人和工作班人员是否适当和充足。
A. 工作任务　　　　　　　B. 安全措施
C. 工作任务、安全措施　　D. 工作时间

78. BA02 第一种工作票至预定时间,工作尚未完成,应由(　　)办理延期手续。
A. 工作负责人　　　　　　B. 工作许可人
C. 工作票签发人　　　　　D. 值班人员

79. BA02 若至预定时间,一部分工作尚未完成,需继续工作而不妨碍送电者,在送电前,应按照送电后现场设备带电情况,办理新的工作票,布置好(　　)后,方可继续工作。
A. 工作任务　　　　　　　B. 工作时间
C. 工作任务、安全措施　　D. 安全措施

80. BA02 工作期间,工作负责人若因故必须离开工作地点时,应指定能胜任的人员临时代替,离开前应将(　　)交待清楚,并告知工作班人员。
A. 带电部位　　B. 安全措施　　C. 工作现场　　D. 工作内容

81. BA02 工作负责人的安全责任:正确安全地组织工作;结合实际进行安全思想教育;工作前对工作班成员交待(　　);严格执行工作票所列安全措施,必要时还应加以补充;督促、监护工作人员遵守本规程;工作班人员变动是否合适。
A. 工作任务和工作内容　　B. 安全措施和技术措施
C. 安全事项　　　　　　　D. 工作步骤

82. BA02 工作许可人的安全责任:负责审查工作票所列安全措施是否正确、完备,是否符合现场条件;工作现场布置的安全措施是否完善,必要时予以补充;负责检查检修设备

有无突然来电的危险;对工作票所列内容即使发生很小疑问,也应向( )询问清楚,必要时应要求作详细补充。

A. 工作票签发人 B. 工作负责人
C. 工作监护人 D. 工作许可人

83. BA02 第一种工作票应在工作( )交给值班员。临时工作可在工作开始以前直接交给值班员。

A. 前一日 B. 前二日 C. 当天 D. 填写完后及时

84. BA02 在电气设备上工作,保证安全的组织措施为:(1)工作票制度;(2)工作许可制度;(3)工作监护制度;(4)( )。

A. 工作间断、转移制度和停止制度 B. 工作停止、转移和终结制度
C. 工作暂停、转移和终结制度 D. 工作间断、转移和终结制度

85. BA02 在同一电气连接部分用同一工作票依次在几个工作地点转移工作时,全部安全措施由值班人员在( )做完,不需再办理转移手续,但工作负责人在转移工作地点时,应向工作人员交待带电范围、安全措施和注意事项。

A. 开工前一次 B. 工作中分次 C. 开工前部分 D. 开工前多次

86. BA02 填用第一种工作票的工作为:(1)( );(2)高压室内的二次接线和照明等回路上的工作,需要将高压设备停电或做安全措施者。

A. 高压设备上工作需要全部停电和部分停电者
B. 带电作业者
C. 高压设备上需要全部停电者
D. 高压设备上部分停电者

87. BA02 第一种和第二种工作票的有效时间,以( )。

A. 停送电的时间为限 B. 批准的检修期为限
C. 工作完成的时间为限 D. 约定好的时间

88. BA02 检修部分若分为几个在电气上不相连接的部分,如分段母线以隔离开关或断路器隔开分成几段,则各段应分别验电接地短路。接地线与检修部分之间不得连有( )。降压变电所全部停电时,应将各个可能来电侧的部分接地短路,其余部分不必每段都装设接地线。

A. 隔离开关 B. 断路器或熔断器
C. 隔离开关或熔断器 D. 断路器或隔离开关

89. BA02 高压回路上的工作,需要拆除全部或一部分接地线后始能进行工作者(如测量母线和电缆的绝缘电阻,检查断路器触头是否同时接触),如:(1)拆除一相接地线;(2)拆除接地线,保留短路线;(3)将接地线全部拆除或拉开接地刀闸。必须征得( )的许可,方可进行。工作完毕后立即恢复。

A. 工作票签发人 B. 工作负责人 C. 运行人员 D. 值班负责人

90. BA02 在室外地面高压设备上工作,应在工作地点四周用绳子做好围栏,围栏上悬挂适当数量的"止步,高压危险!"的标识牌,标识牌必须朝向围栏( )。

A. 里面 B. 外面 C. 醒目处 D. 两侧

91. BA02 将检修设备停电，必须把各方面的电源完全断开(任何运用中的星形接线设备的中性点必须视为带电设备)。禁止在只经断路器(开关)断开电源的设备上工作。必须拉开隔离开关(刀闸)，使各方面(　　)断开点。与停电设备有关的变压器和电压互感器，必须从高压、低压两侧断开，防止向停电检修设备反送电。

　　A. 必须有两个　　　　　　　　B. 至少有一个明显的
　　C. 均有一个　　　　　　　　　D. 至少有两个

92. BA03 电气安全用具包括绝缘安全用具和一般防护用具，绝缘安全用具又分为(　　)和辅助绝缘安全用具。

　　A. 电气安全用具　　　　　　　B. 电气绝缘工具
　　C. 基本绝缘安全用具　　　　　D. 安全工具

93. BA03 在雨、雪或潮湿天气，室外使用绝缘棒时，棒上应装有(　　)，使绝缘棒的伞下部分保持干燥，否则不宜在上述天气中使用。

　　A. 防雨的伞形罩　　　　　　　B. 符合规格的接地线
　　C. 装满干燥剂的容器　　　　　D. 安全环

94. BA03 进行高压验电时，在户内必须戴符合耐压要求的绝缘手套，在户外还应(　　)；不可一人单独验电，身旁要有人监护。

　　A. 站在绝缘垫上　　　　　　　B. 与带电体保持安全距离
　　C. 穿绝缘靴　　　　　　　　　D. 佩戴护目镜

95. BA03 验电前应根据额定电压选用合适的高压验电器。首先，按一下自检按钮，验电器应发出连续的间隙式声光信号，若没有信号(　　)。

　　A. 不得进行验电操作　　　　　B. 在确保安全的前提下可以操作
　　C. 则立即更换电池　　　　　　D. 可以选用低压验电器

96. BA03 35kV 的设备在不停电时的安全距离是(　　)。

　　A. 0.7m　　　B. 1.2m　　　C. 1.5m　　　D. 1.0m

97. BA03 接地线使用的导线为多股铜线，截面积不应小于(　　)，接地线要有统一编号，固定位置存放，存放位置统一编号。

　　A. 15mm²　　　B. 25mm²　　　C. 30mm²　　　D. 35mm²

98. BA03 安全色是表达安全信息含义的颜色，蓝色表示(　　)，必须遵守的规定。

　　A. 警告　　　B. 指令　　　C. 禁止　　　D. 安全

99. BA03 辅助安全用具(　　)，只能与其他安全用具配合使用。

　　A. 可以接触带电部位　　　　　B. 不能直接与电气设备的带电部位接触
　　C. 可以作为基本安全工具　　　D. 在确保安全的情况下可以接触带电部位

100. BA03 绝缘安全用具应定期进行电气试验，不合格的绝缘安全用具应(　　)。

　　A. 及时检修或报废　　　　　　B. 进行报废
　　C. 在安全的前提下使用　　　　D. 进行检修

101. BA03 隔离板用干燥的木板制成，高度一般不小于(　　)，下部边缘离地面不超过100mm，在板上有明显的"止步，高压危险！"警告标识牌。

　　A. 1.7m　　　B. 1.8m　　　C. 1.9m　　　D. 2.0m

102. BA04(　　)是指在进行检维修作业时，为了防止误操作导致原油、成品油、天然气、电能等意外泄漏,对可能产生危险的设施由作业人员自己进行锁定所用的锁具。

A. 部门锁　　　　B. 个人锁　　　　C. 个人锁及部门锁　　D. 机械锁

103. BA04 电气系统维检修作业时,应对与维检修设备、部件直接或间接连接的( )级电源开关进行锁定。

A. 上　　　　　　B. 下　　　　　　C. 上下　　　　　　D. 本

104. BA04 作业人员填写《锁定操作票》向值班人员领取个人锁、钥匙、锁定用具及( )。

A. 操作票　　　　B. 锁吊牌　　　　C. 记录本　　　　　D. 开关

105. BA04 作业结束后,作业人员通知并得到( )许可后解锁。

A. 技术人员　　　B. 管理人员　　　C. 值班人员　　　　D. 监护人员

106. BA05 固定式配电箱、开关箱下底与地面的垂直距离应大于( ),小于1.5m。

A. 1.3m　　　　　B. 1.2m　　　　　C. 2m　　　　　　　D. 1m

107. BA05 临时用电设备在( )台以上或设备总容量在50kW以上(含50kW)的,应专门进行临时用电施工组织设计。

A. 3　　　　　　　B. 5　　　　　　　C. 2　　　　　　　　D. 1

108. BA05 临时架空线最大弧垂与地面距离,在施工现场不低于( ),穿越机动车道不低于5m。

A. 2.3m　　　　　B. 2.5m　　　　　C. 2m　　　　　　　D. 1m

109. BA05 所有的临时用电线路必须采用耐压等级不低于( )的绝缘导线。

A. 220V　　　　　B. 380V　　　　　C. 400V　　　　　　D. 500V

110. BA05 在水下或潮湿环境中使用电气设备或电动工具,作业前应由电气专业人员对其绝缘进行测试,带电零件与壳体之间,基本绝缘不得小于( )。

A. 4MΩ　　　　　B. 5MΩ　　　　　C. 2MΩ　　　　　　D. 1MΩ

111. BA05 在一般作业场所,应使用Ⅱ类工具;若使用Ⅰ类工具时,应装设额定漏电动作电流不大于( )、动作时间不大于0.1s的漏电保护器。

A. 20mA　　　　　B. 5mA　　　　　C. 30mA　　　　　　D. 2mA

112. BA06 "安措""反措"计划是以每( )为时间周期编制的。

A. 日　　　　　　B. 月　　　　　　C. 季度　　　　　　D. 年

电气设备运行与维护检修管理部分

113. BB01 应将电压、电流互感器退出运行的故障是( )。

A. 互感器有异味、有冒烟、喷油或着火现象发生
B. 互感器在运行中内部有严重的杂音
C. 瓷套管破裂、严重漏油、严重放电和接地现象发生
D. 以上都是

114. BB01 应立即停运断路器的故障是( )。

A. 磁套管有严重破损和放电现象
B. 油断路器灭弧室冒烟或内部有异常声音
C. 六氟化硫断路器的SF_6气室严重漏气发出操作闭锁信号

D. 以上都是

115. BB01 电磁机构拒绝跳闸可能的原因是（   ）。
A. 控制电源电压低
B. 跳闸铁芯行程不足或卡死
C. 脱扣机构调整不当
D. 以上都是

116. BB01 电磁机构误跳闸可能的原因有（   ）。
A. 合闸脉冲太短
B. 二次回路有混线使合闸的同时分闸回路有电
C. 继电器接点因振动闭合
D. 以上都是

117. BB01 隔离开关触头过热的处理方法（   ）。
A. 应逐步减少负荷，监视触头温度变化，如触头持续过热应尽快申请停电检修
B. 紧急拉开隔离开关
C. 可以不做处理
D. 直接停电

118. BB01 发现电动机着火首先应该（   ）。
A. 用电气专用灭火器材灭火
B. 切断电源
C. 打 119 报火警
D. 向输油调度请示停泵

119. BB02 电气设备的维护检修方式不包括（   ）。
A. 维护保养　　B. 计划检修　　C. 故障检修　　D. 预防性试验

120. BB02 电气设备的维护保养方式不包括以下哪种（   ）。
A. 润滑　　　　B. 解体　　　　C. 检测　　　　D. 擦拭

121. BB03 真空断路器检修项目不包括（   ）。
A. 高压带电部分　B. 操动机构部分　C. 控制部分　　D. 油箱

122. BB03 发生以下事件后少油短路器不用检修的是（   ）。
A. 新投入运行的油断路器，在运行 1 年以后
B. 切除短路故障达 1 次的
C. 发生跳跃或带负荷合闸达 30 次的
D. 正常运行 3 年的油断路器

123. BB03 户外隔离开关的大修周期是（   ）。
A. 1 年　　　　B. 2 年　　　　C. 3 年　　　　D. 8 年

124. BB03 隔离开关的小修项目不包括（   ）。
A. 检修及调整动、静触头　　　　B. 测量瓷质部分绝缘电阻
C. 检查引线连接处是否过热，松动和锈蚀　D. 清扫瓷瓶

125. BB04 检修后的变压器初送电时，应在无载情况下进行全电压冲击合闸，受电持续时间应不少于（   ）。
A. 10min　　　B. 8min　　　C. 5min　　　D. 3min

126. BB04 变压器空载试运（   ）无异常时，转入带载试运。
A. 2h　　　　　B. 6h　　　　　C. 12h　　　　D. 24h

电气设备预防性试验管理部分

127. BC01 预防性试验前,结合生产运行情况和上年预防性试验结果,编制本年度预防性试验及检修工作方案。方案中应明确组织机构、职责分工、具体工作要求和( )。
   A. 风险因素分析　　　　　　　　B. 试验标准
   C. 风险提示及预控措施　　　　　D. 试验时间

128. BC01 站电气技术员提前( )同地方电力调度申请主变停电检修。
   A. 1 个月　　　B. 2 天　　　C. 5 天　　　D. 一周

129. BC01 每项倒闸操作前,应通知相关岗位注意监视设备运行状态。操作时,应穿戴、使用绝缘保护用具。操作前必须核对设备名称、编号和位置。操作过程中严格执行"唱票、( )、操作、确认"八字方针,并做好各种记录。
   A. 背诵　　　B. 确认　　　C. 复诵　　　D. 检查

130. BC01 试验完毕,( )应通知值班人员、生产科三方共同验收检查:小车开关、接线端子是否牢固、相序是否正确、是否有遗留物等。
   A. 试验人员　　B. 工作负责人　　C. 工作许可人　　D. 技术员

131. BC02《电气预防性试验过程控制表》的第一个环节是( )。
   A. 工作负责人召开班前会　　　　B. 签发工作票
   C. 倒闸操作及安全措施布置　　　D. 模拟演练

132. BC02《电气预防性试验过程控制表》签发工作票环节重点监督内容是( )。
   A. 使用黑色或蓝色的钢笔　　　　B. 使用黑色或蓝色的钢笔
   C. 所列安全措施应正确完备　　　D. 不能涂改

133. BC02 应参加实验设备整组验收的人员是( )。
   A. 生产科　　B. 试验班　　C. 输油(气)站　　D. 以上都是

134. BC02 被试设备验收是指被试设备试验结束后,生产科、试验班、输油(气)站三方共同对试验检修设备进行的验收。其主要内容不包括( )。
   A. 检查接线相序正确　　　　　　B. 检验开关是否正常、可靠动作
   C. 检查设备清洁　　　　　　　　D. 检查接触紧固

135. BC02 生产科、试验班、输油(气)站三方共同对试验检修设备进行整组试验,其主要内容不包括( )。
   A. 检查设备状态恢复　　　　　　B. 整组传动试验
   C. 开关柜分、合闸试验　　　　　D. 操作柱分、合闸试验

136. BC03 介质损失角正切值试验的影响因素是( )。
   A. 温度的影响　　　　　　　　　B. 湿度的影响
   C. 绝缘的清洁度和表面泄漏电流的影响　D. 以上都是

137. BC04 电气预防性试验记录应包括( )及参试人员、复核人员的签名。
   A. 检测时间、地点、环境条件
   B. 所用仪器设备的名称、型号、编号、试验前后的检查情况
   C. 被测设备的名称、编号、检测结果
   D. 以上都是

138. BC04 试验报告应做到格式统一、填写完整、文字简洁、字迹清楚、数据准确、结论正确、签名齐全,并采用(   )。
A. 固定计量单位 B. 国际标准计量单位
C. 法定计量单位 D. 法定格式

防雷防静电管理部分

139. BD01 接地装置的埋引线在距离地面(   )段容易受腐蚀,要注意检查,发现腐蚀严重的可采用并接线加强措施。
A. 0~300mm B. 300mm~500mm
C. 500mm~800mm D. 800mm~1000mm

140. BD02 防雷接地装置连接处不应有夹渣、气孔、咬边及未焊透现象,搭接长度不低于扁钢宽度的(   )倍。
A. 0.5 B. 1 C. 2 D. 3

141. BD02 每隔5年对接地网选择部分焊接点进行挖开检查,当锈蚀部分超过接地体横截面积的(   )时,应及时更换接地体。
A. 1/3 B. 1/4 C. 1/5 D. 1/6

二、判断题(对的画"√",错的画"×")

第一部分 基础知识

基本概念与一般要求部分

(   ) 1. AA01 本书第六章引用了 Q/SY GD 1020—2014《油气管道电力设备预防性及检修试验手册》的相关内容。
(   ) 2. AA02 在长输管道系统还有一些22kV变电所。
(   ) 3. AA02 电压等级是电力系统及电力设备的额定电压级别系列。
(   ) 4. AA02 变电所中,电气设备按其作用不同一般分为主要设备和辅助设备。
(   ) 5. AA02 变压器将电能转化为机械能。
(   ) 6. AA02 二次设备是直接生产、输送和分配电能的设备。
(   ) 7. AA02 用于将雷电流从接闪器传导至接地装置的导体叫引下线。
(   ) 8. AA02 一般指接地体上的工频交流或直流电压与通过接地体而流入地下的电流之比称为接地电阻。
(   ) 9. AA02 接地装置是接地体和接地线的总合,用于传导雷电流并将其流散入大地。
(   ) 10. AA02 接地体是埋入土壤中或混凝土基础中作散流用的导体。
(   ) 11. AA02 储罐内可以存在未接地的浮动物。
(   ) 12. AA02 接地线是从引下线断接卡或换线处至接地体的连接导体;或从接地端子、等电位连接带至接地体的连接导体。
(   ) 13. AA02 雷击是对地闪击中的一次放电。

(   ) 14. AA02 土壤电阻率是单位长度土壤电阻的最低值,单位是 Ω·m。

(   ) 15. AA03 工作时人体与10kV带电体的最小安全距离是0.1m。

(   ) 16. AA03 用隔离开关可以拉、合35kV的容量是5000kV·A的空载变压器。

(   ) 17. AA03 用隔离开关可以拉、合66kV的50km空载线路。

(   ) 18. AA03 电力系统的母线电压应为 U_n(1±5%)(U_n 指电力系统的标称电压),频率应为(50±0.5)Hz。

(   ) 19. AA03 变电所应根据电压质量及功率因数变化及时投切无功补偿电容器,使月平均功率因数达到0.9以上并满足当地电力部门的要求。

(   ) 20. AA03 站场控制室、机柜间不应设在建筑物的边缘,宜设在建筑物中心、底层部位,同时应靠近建筑物防雷引下线。

(   ) 21. AA03 石油和石油产品应贮存在密闭性的容器内,并避免油气混合物在容器周围聚集。

(   ) 22. AA03 在使用防静电采样测温绳、防静电型检尺作业时,绳、尺末端应可靠接地。

变电所管理部分

(   ) 23. AB01 具有远方监视、测量、控制功能,控制室内具备声、光报警装置的变电所和10kV以下的变配电所为无人值守变电所。

(   ) 24. AB01 有人值班变电所每班不少于2人,设主值班员和值班员。符合规定的变电所可由单人值班。符合无人值守变电所规定的变电所可无人值守。

(   ) 25. AB01 从事电气作业人员只需持有效的《电工进网作业许可证》即可。

(   ) 26. AB02 设备检修后操作前应认真检查设备状况及一次设备、二次设备的拉合位置并与工作前相符。

(   ) 27. AB02 操作票由监护人填写。

(   ) 28. AB02 在图板前由监护人根据操作顺序逐项下令,由操作人复令执行,图板上无法模拟的步骤,也应按操作顺序进行下令、复令。

(   ) 29. AB02 操作票填写后,由操作人和监护人共同审核复查,无误后监护人和操作人分别签字。复杂操作还应经技术员审核并签字。

(   ) 30. AB03 设备大清扫,每年至少一次,对污秽严重地区的设备,各单位根据情况增加清扫次数。

(   ) 31. AB04 发生越级跳闸,造成电力系统事故的要终止累计安全运行天数。

电气设备预防性试验基础知识部分

(   ) 32. AC01 电气设备预防性试验是判断电气设备能否继续投入运行并保证安全运行的重要措施。

(   ) 33. AC02 非电气法是指测量各种非电信息的方法。如油中溶解气体色谱分析和油中含水量测定等。

(   ) 34. AC02 测量直流电阻属于破坏性试验。

(   ) 35. AC02 在高于工作电压下所进行的试验称为非破坏性试验。

第二部分 专业知识

电气安全管理部分

( ) 36. BA01 倒闸操作必须由两人执行,其中一人对设备较为熟悉者作操作。

( ) 37. BA02 工作间断后继续工作,无需通过工作许可人。

( ) 38. BA02 在工作间断期间,若有紧急需要,值班员在采取相应措施后,可以将施工设备合闸送电。

( ) 39. BA02 表示设备断开和允许进入间隔的信号、经常接入的电压表等,可以作为设备无电压的根据。

( ) 40. BA02 次日复工时,征得值班员许可后,工作人员可进入工作地点开始工作。

( ) 41. BA02 低压配电盘、配电箱和电源干线上的工作,应填用第一种工作票。

( ) 42. BA02 工作负责人可以单独留在高压室内和室外变电所高压设备区内。

( ) 43. BA02 同一变电所内在几个电气连接部分上依次进行不停电的同一类型的工作,需分别开第二种工作票。

( ) 44. BA02 在一个电气连接部分同时有检修和试验时,可填写一张工作票,但在试验前应得到检修工作负责人的许可。

( ) 45. BA02 工作负责人(监护人)在全部停电时,可以参加工作班工作。

( ) 46. BA02 工作负责人(监护人),在部分停电时,只有在安全措施可靠,人员集中在一个工作地点,不致误碰导电部分的情况下,方能参加工作。

( ) 47. BA02 第二种工作票应在进行工作的当天预先交给值班员。

( ) 48. BA02 在工作间断期间,若有紧急需要,值班员在采取相应措施后,可以将施工设备合闸送电。

( ) 49. BA02 装设接地线可以由一人进行。

( ) 50. BA02 当验明设备确已无电压后,不必立即将检修设备接地并三相短路。

( ) 51. BA03 绝缘棒的规格型号必须符合规定,使用时可任意取用。

( ) 52. BA03 进行高压验电时,在户内必须戴符合耐压要求的绝缘手套,在户外还应穿绝缘靴,可以一人单独验电。

( ) 53. BA03 操作绝缘夹钳时应戴绝缘手套,穿绝缘靴及戴上防护眼镜,必须在切断负载的情况下进行操作。

( ) 54. BA03 在高压设备上进行部分停电工作时,为了防止工作人员走错位置,误入带电间隔或接近带电设备至危险距离,一般采用隔离板或临时遮栏进行防护。

( ) 55. BA03 绝缘靴每年试验一次。

( ) 56. BA03 绝缘夹钳不用按规定进行定期试验。

( ) 57. BA03 在全部停电场合进行验电操作,应在停电前或其他有电场所进行预验,证明验电器完好才可使用。

( ) 58. BA03 在潮湿天气中,只能使用专门的防雨夹钳。

( ) 59. BA03 接地线要有统一编号,固定位置存放,存放位置统一编号,"即对号入座"。

（　　）60. BA03 装设遮栏是为了限制工作人员的活动范围，防止他们接近或触及带电部位。

（　　）61. BA04 个人锁的解锁过程，在监护人监督下，由值班人员分别摘除锁和锁吊牌。

（　　）62. BA05 在开关上接引、拆除临时用电线路时，其上级开关应断电锁定管理。

（　　）63. BA05 临时用电作业实施单位不得擅自增加用电负荷，变更用电地点、用途，一旦发生此类现象，生产单位应立即停止供电。

（　　）64. BA05 使用周期在 1 个月以上的临时用电线路，应采用架空方式安装。

（　　）65. BA05 电线埋地深度不应小于 0.5m。

（　　）66. BA05 临时用电线路经过有高温、振动、腐蚀、积水及机械损伤等危害的部位，可以有接头，不过要采取相应的保护措施。

（　　）67. BA05 室外的临时用电配电盘、箱应设有安全锁具，有防雨、防潮措施。

（　　）68. BA05 移动工具、手持工具等两台或两台以上用电设备（含插座）可以使用同一开关。

（　　）69. BA05 行灯电源电压不能超过 36V，并且灯泡外部有金属保护罩。

（　　）70. BA05 所有开关箱、配电箱（配电盘）应有安全标识，在安装区域内，应在其前方 1m 远处的地面上用黄色油漆或黄色安全警戒带做警示。

（　　）71. BA06 安措是针对人身安全采取的保护措施。

（　　）72. BA06 反措是针对可能发生的设备事故采取防护措施。

电气设备运行与维护检修管理部分

（　　）73. BB01 变压器发生差动保护动作的故障时，经检查若未发现异常现象时，可请示调度，经同意可试送电一次。

（　　）74. BB01 变压器发生过流保护动作时，除参照差动保护动作的处理外，还要对变压器的二次母线及所配出的电气设备进行检查，应无短路故障点。

（　　）75. BB01 隔离开关合闸后发现未合好或合偏时可以拉开重合。

（　　）76. BB01 当发现隔离开关触头过热时应逐步减少负荷，监视触头温度变化，如触头持续过热应尽快申请停电检修。

（　　）77. BB02 电气设备的维护检修宜采用计划检修和状态检修相结合的检修方式。

（　　）78. BB02 故障检修是计划检修。

（　　）79. BB02 维护保养是通过擦拭、清扫、润滑、调整、检测等一般方法对设备进行护理。

（　　）80. BB03 变电设备的检修宜安排在春季。

（　　）81. BB03 开断短路电流后的真空断路器可不立即进行检修。

（　　）82. BB03 新投入运行的油断路器，2~3 年检修 1 次。

（　　）83. BB03 发生跳跃或带负荷合闸达 20~30 次的油断路器，可不进行检修。

（　　）84. BB03 隔离开关的大修，户内应 3 年 1 次，户外 8 年 1 次。

（　　）85. BB03 热电偶燃气发电机（TEG）小修周期为 3 年 1 次。

（　　）86. BB04 软启动器检修后要带载试运 2h。

电气设备预防性试验管理部分

（　　）87. BC01 参加预防性试验工作的人员应具备相应资质。试验队伍应取得相应等级的《承装（修、试）电力设施许可证》，试验人员应持有《电工进网作业许可证》《特种作业人员操作资格证》，且证件在有效期内，参加年度《电业安全工作规程》考试合格。

（　　）88. BC01 试验工作前应准备完整的设备及线路图纸资料（包括各设备的合格证和技术参数表格等），以便确定具体方案。

（　　）89. BC01 站工艺技术员提前 1 天同地方电力调度申请主变停电检修。

（　　）90. BC01 预防性试验前，结合电力运行情况和上年预防性试验结果，编制本年度预防性试验及检修工作方案。

（　　）91. BC02 单机验收应为生产科、试验班、输油（气）站三方共同对试验检修设备进行验收：检查检修设备无遗留物，接线相序正确，接触牢固，保护定值恢复正常。

（　　）92. BC02 技术人员针对试验结果的验收主要依据 Q/SY GD 1020—2014《油气管道电力设备预防性及检修试验手册》的有关项目要求进行对比分析，结合设备的历年试验数据进行综合分析，判断电气设备是否存在隐患或缺陷。

（　　）93. BC03 电力设备预防性试验结果的综合分析就是比较法。

（　　）94. BC03 进行绝缘电阻和吸收比测试应在 0℃ 以上进行。

（　　）95. BC03 对于不同电压等级的电气设备应采用不同电压的兆欧表。

（　　）96. BC03 可以先进行交流耐压试验再进行非破坏性试验。

（　　）97. BC03 进行交流耐压试验应快速提升电压。

（　　）98. BC04 为了提高记录的清晰度，便于现场记录，固定的内容可预印入表，记录时只需作圈划选择即可。

（　　）99. BC04 每年预防性试验结束后 1 月内通过对试验数据进行整理、归档、分析，完成电力设备的状态评价和风险评估，并形成报告，报上级主管部门审核，以便掌握设备状况分布情况，为做好设备检修和更新改造计划提供参考依据。

（　　）100. BC04 试验数据的有效位数，应该与试验设备的准确度相适应，不足部分，以"0"补齐，以使试验数据的有效位数相等。

（　　）101. BC04 试验报告应做到格式统一、填写完整、文字简洁、字迹清楚、数据准确、结论正确、签名齐全，并采用国际计量单位。

防雷防静电管理部分

（　　）102. BD01 检查避雷器线路侧和接地侧的接线端子应紧固，应无放电烧伤痕迹，损伤者予以更换。

（　　）103. BD01 接地线与电气设备及接地网的连接应可靠，如有松动和脱落应及时补焊。

（　　）104. BD01 检查接地线应连接可靠，无锈蚀和断裂现象。

（　　）105. BD02 输油气站每年应进行一次防雷接地检测。

三、简答题

第一部分 基础知识

基本概念与一般要求部分

1. AA03 变压器并列运行应满足哪些条件?
2. AA03 两个电源并列运行应满足哪些条件?

变电所管理部分

3. AB02 接令过程应注意什么?
4. AB02 操作后的检查确认内容有哪些?
5. AB04 终止累计安全运行天数的电气事故有哪些?

电气设备预防性试验基础知识部分

6. AC02 按照对电气设备绝缘的危险分电气设备预防性试验的方法有哪些?

第二部分 专业知识

电气安全管理部分

7. BA02 落实保证安全的组织措施有哪些?
8. BA02 落实保证安全的技术措施有哪些?
9. BA02 电气第一种工作票的使用范围是什么?
10. BA02 什么是间接验电?
11. BA03 电气安全用具是怎么分类的?
12. BA03 使用绝缘手套与绝缘靴时需注意哪些事项?
13. BA05 临时用电作业申请人在办理临时用电作业许可证前应准备好哪些内容的相关资料?

电气设备运行与维护检修管理部分

14. BB01 简述电动机着火的处理?
15. BB01 简述发生母线接地故障时的处理?
16. BB03 简述油浸式电力变压器的大修周期?
17. BB04 简述软启动器的带载试运内容?

电气设备预防性试验管理部分

18. BC01 试验前作业现场需要具备哪些条件?

防雷防静电管理部分

19. BC01 简述避雷针的检查项目?

20. BC02 接闪器的检查包括哪些内容？
21. BC02 机房内等电位连接应注意哪些内容？

初级资质理论认证试题答案

一、单项选择题答案

1. A   2. B   3. A   4. B   5. D   6. A   7. D   8. C   9. B   10. D
11. D   12. D   13. A   14. B   15. D   16. A   17. B   18. C   19. D   20. D
21. B   22. C   23. D   24. D   25. B   26. D   27. A   28. B   29. A   30. A
31. A   32. C   33. C   34. C   35. C   36. C   37. D   38. B   39. A   40. A
41. D   42. B   43. B   44. B   45. A   46. D   47. D   48. C   49. D   50. D
51. B   52. D   53. D   54. D   55. D   56. B   57. C   58. A   59. A   60. A
61. B   62. B   63. D   64. D   65. D   66. B   67. D   68. B   69. D   70. D
71. B   72. B   73. D   74. C   75. D   76. B   77. D   78. D   79. D   80. C
81. B   82. A   83. A   84. D   85. D   86. B   87. D   88. B   89. C   90. A
91. B   92. C   93. A   94. C   95. A   96. D   97. D   98. D   99. B   100. A
101. B   102. B   103. C   104. B   105. D   106. A   107. B   108. D   109. D   110. C
111. C   112. C   113. D   114. C   115. D   116. D   117. A   118. B   119. D   120. B
121. D   122. C   123. D   124. A   125. D   126. D   127. C   128. D   129. C   130. B
131. B   132. C   133. D   134. C   135. A   136. D   137. D   138. C   139. A   140. C
141. A

二、判断题答案

1. √   2. ×在我们长输管道系统没有 22kV 变电所。   3. √   4. ×变电所中电气设备按其作用不同一般分为一次设备和二次设备。   5. ×电动机将电能转化为机械能。   6. ×二次设备是直接生产、输送和分配电能的设备。   7. √   8. √   9. √   10. √
11. ×储罐内禁止存在任何未接地的浮动物。   12. √   13. √   14. ×土壤电阻率是单位长度土壤电阻的平均值，单位是 $\Omega \cdot m$。   15. ×工作时人体与 10kV 带电体的最小安全距离是 0.7m。   16. ×用隔离开关不可以拉、合 35kV 的容量是 5000kV·A 的空载变压器。   17. ×用隔离开关不可以拉、合 66kV 的 50km 空载线路。   18. √   19. √   20. ×站场控制室、机柜间不应设在建筑物的边缘，宜设在建筑物中心、底层部位，同时应避开建筑物防雷引下线。
21. √   22. √   23. √   24. √   25. ×根据《电业安全工作规程》要求，持有效的《电工进网作业许可证》和《特种作业操作证》的人员。   26. √   27. ×操作票由操作人填写。   28. √   29. √   30. √
31. √   32. √   33. √   34. √   35. ×在高于工作电压下所进行的试验称为破坏性试验。
36. ×其中一人对设备较为熟悉者监护。   37. √   38. √   39. ×表示设备断开和允许进入间隔的信号、经常接入的电压表等，不可以作为设备无电压的根据。40. ×次日复工时，应得到工作许可人的许可，取回工作票，工作负责人应重新认真检查安全措施是否符合工作票的要求，并召开现场站班会后，方可工作。若无工作负责人或专责监护人带领，作业人员不得进入工作地点。

41.×低压配电盘、配电箱和电源干线上的工作，应填用第二种工作票。 42.×所有工作人员(包括工作负责人)不许单独进入、滞留在高压室和室外高压设备区内。 43.×同一变电所内在几个电气连接部分上依次进行不停电的同一类型的工作，可以使用一张第二种工作票。 44.√ 45.√ 46.√ 47.√ 48.√ 49.√ 50.×当验明设备确已无电压后，应立即将检修设备接地并三相短路。

51.×绝缘棒的规格型号必须符合规定，不可任意取用。 52.×不可一人单独验电，身旁要有人监护。 53.√ 54.√ 55.×绝缘靴每 6 个月试验一次。 56.×绝缘夹钳每年试验一次。 57.√ 58.√ 59.√ 60.√

61.×个人锁的解锁过程，在监护人监督下，由上锁人分别摘除锁和锁吊牌。 62.√ 63.√ 64.√ 65.×电线埋地深度不应小于 0.7m。 66.×临时用电线路经过有高温、振动、腐蚀、积水及机械损伤等危害的部位，不得有接头，并应采取相应的保护措施。 67.√ 68.×移动工具、手持工具等用电设备应有各自的电源开关，必须实行"一机一闸"制，严禁两台或两台以上用电设备(含插座)使用同一开关。 69.√ 70.√

71.√ 72.√ 73.√ 74.√ 75.×隔离开关合闸后发现未合好或合偏时，使用电压等级符合要求且耐压合格的绝缘拉杆推顶，使之合好或合正，严禁拉开重合或冲击合闸。 76.√ 77.√ 78.×故障检修是非计划检修。 79.√ 80.√

81.×开断短路电流后的真空断路器，应马上进行检测。 82.×新投入运行的油断路器，在运行 1 年以后应进行 1 次检修。 83.×发生跳跃或带负荷合闸达 20~30 次的油断路器，应进行检修。 84.×隔离开关的大修，户外应 3 年 1 次，户内 8 年 1 次。 85.×热电偶燃气发电机(TEG)小修周期为一年一次。 86.√ 87.√ 88.√ 89.×站电气技术员提前 1 个月同地方电力调度申请主变停电检修。 90.×预防性试验前，结合生产运行情况和上年预防性试验结果，编制本年度预防性试验及检修工作方案。

91.√ 92.√ 93.√ 94.×进行绝缘电阻和吸收比测试应在+5℃以上进行。 95.√ 96.×必须在被试设备的非破坏性试验都合格后才能进行交流耐压试验，如果有缺陷(例如受潮)，应排除缺陷后进行。 97.×应控制升压速度，在 1/3 试验电压以前可以快一些，其后应以每秒钟 3%的试验电压连续升到试验电压值。 98.√ 99.√ 100.√

101.×采用法定计量单位。 102.√ 103.√ 104.√ 105.×每年雷雨季节之前应对站场的防雷接地装置进行一次全面的检测，易燃易爆场所防雷接地测试应每年 2 次。

三、简答题答案

1. AA03 变压器并列运行应满足哪些条件？

答：①变压比相等，允许误差不大于±0.5%；②阻抗电压相等，允许误差不大于±10%；③结线组别相同；④容量比不应超过 3：1。

评分标准：答对①~④各占 25%。

2. AA03 两个电源并列运行应满足哪些条件？

答：①相位相同；②相序一致；③电压差不超过 10%。

评分标准：答对①②各占 30%，答对③占 40%。

3. AB02 接令过程应注意什么?

答：①接令人使用电话接受命令前，应先和发令人互报姓名。电业调度员发布命令后，接令人员复诵命令，全过程都要录音并作好记录。②对电业调度命令有疑问时，应及时与发令人共同研究解决，对错误令应提出纠正，未纠正前不准执行。

评分标准：答对①②各占50%。

4. AB02 操作后的检查确认内容有哪些?

答：①操作完毕应做一次全面检查核对；②远方操作的设备也应到现场检查；③确认无误后，应在最后一张操作票上填入终了时间；④在最后一步下方加盖"已执行"章，汇报有关人员。

评分标准：答对①~④各占25%。

5. AB04 终止累计安全运行天数的电气事故有哪些?

答：①发生越级跳闸，造成电力系统事故；②发生人身重伤、死亡事故；③由于误操作造成全所停电，影响生产造成较大经济损失；④由于责任事故，主要电气设备严重损坏的事故。

评分标准：答对①~④各占25%。

6. AC02 按照对电气设备绝缘的危险分电气设备预防性试验的方法有哪些?

答：①非破坏性试验。在较低电压（低于或接近额定电压）下进行的试验称为非破坏性试验。主要指测量绝缘电阻、泄漏电流和介质损耗因数（$\tan\delta$）等电气试验项目。由于这类试验施加的电压较低，故不会损伤电力设备的绝缘性能，其目的是判断绝缘状态，及时发现可能的劣化现象。②破坏性试验。在高于工作电压下所进行的试验称为破坏性试验。试验时在电力设备绝缘上施加规定的试验电压，考验对此电压的耐受能力，因此也叫耐压试验。它主要是指交流耐压和直流耐压试验，由于这类试验所加电压较高，考验比较直接和严格，但也有可能在试验过程中给绝缘造成一定的损伤，故而得名。

评分标准：答对①②各占50%。

7. BA02 落实保证安全的组织措施有哪些?

答：①工作票制度；②工作许可制度；③工作监护制度；④工作间断、转移和终结制度。

评分标准：答对①~④各占25%。

8. BA02 落实保证安全的技术措施有哪些?

答：①停电；②验电；③接地；④悬挂标识牌和装设遮栏（围栏）。

评分标准：答对①~④各占25%。

9. BA02 电气第一种工作票的使用范围是什么?

答：①停高压设备上工作需要全部停电或部分停电者；②二次系统和照明等回路上的工作，需要将高压设备停电者或做安全措施者；③高压电力电缆需停电的工作；④其他工作需要将高压设备停电或要做安全措施者。

评分标准：答对①~④各占25%。

10. BA02 什么是间接验电?

答：①通过设备的机械指示位置、电气指示、带电显示装置、仪表及各种遥测、遥信等信号的变化来判断；②判断时，应有两个及以上的指示，且所有指示均已同时发生对应变化，才能确认该设备已无电；③若进行遥控操作，则应同时检查隔离开关（刀闸）的状态指示、遥测、遥信信号及带电显示装置的指示进行间接验电。

评分标准：答对①③各占 30%，答对②占 40%。

11. BA03 电气安全用具是怎么分类的？

答：①电气安全用具包括绝缘安全用具和一般防护用具；②绝缘安全用具又分为基本绝缘安全用具和辅助绝缘安全用具。

评分标准：答对①②各占 50%。

12. BA03 使用绝缘手套与绝缘靴时需注意哪些事项？

答：①使用前，应仔细检查，不能有破损和漏气现象；②它们作为辅助安全用具时，不能直接与电气设备的带电部位接触，只能与其他安全用具配合使用。

评分标准：答对①②各占 50%。

13. BA05 临时用电作业申请人在办理临时用电作业许可证前应准备好哪些内容的相关资料？

答：①作业内容说明；②施工组织设计及相关附图；③风险评估结果（如作业安全分析 JSA）；④作业计划书或风险管理单。

评分标准：答对①~④各占 25%。

14. BB01 简述电动机着火的处理？

答：电动机着火后，①应先切断电源，②然后用电气专用灭火器材灭火，严禁使用水灭火。如果用干粉灭火器时，应防止粉末进入轴承内。

评分标准：答对①占 30%，答对②占 70%。

15. BB01 简述发生母线接地故障时的处理？

答：①对母线所连的设备进行检查寻找故障点时，寻查人员必须穿戴绝缘鞋后方可进入接地区域；②立即通知所在接地区内的所有人员退出现场，同时必须防止跨步电压对人身安全的威胁；③发现故障点，应派人监视，立即汇报，切断故障点的电源开关，并及时处理；④主变压器二次 6kV 接地时，母线应分段运行，可根据故障指示仪表的变化，分回路、分段切断负荷查明故障点。

评分标准：答对①~④各占 25%。

16. BB03 简述油浸式电力变压器的大修周期？

答：①变压器宜每 10 年大修 1 次，新投入主变压器在投入运行后第 5 年应根据运行、检测及评价的结果确认是否大修；②承受过正常过负荷和事故过负荷运行的变压器，应提前进行大修；③运行中的变压器，发现异常状况或经试验判明内部有故障时，应提前进行大修；④承受过出口短路的主变压器，应视情况提前进行大修。

评分标准：答对①~④各占 25%。

17. BB04 简述软启动器的带载试运内容？

答：①分别按远控、就地启泵程序启动软启动器；②在软启动器启动时记录最大带载启动电流；③试运 2h。

评分标准：答对①~③各占 33%。

18. BC01 简述试验前作业现场需要具备哪些条件？

答：①作业现场的生产条件、安全设施和安全工器具等应符合国家或行业标准规定的要求，工作人员的劳动防护用品应合格、齐备。这里着重指出，工作现场使用的绝缘用具（绝缘手套、绝缘靴、绝缘拉杆、验电笔等）必须按《安规》要求定期检验合格，否则不能使用。②工作场所应配备急救箱，存放急救用品，并应指定专人经常检查、补充或更换。③作业现场严禁有其他施工人员，试验工作前一定要确认现场是否存在交叉作业的可能。

评分标准：答对①②各占40%，答对③占20%。

19. BC01 简述避雷针的检查项目？

答：①检查避雷针应固定牢靠，杆塔无倾斜；②检查接地线应连接可靠，无锈蚀和断裂现象；③测量接地电阻合格。

评分标准：答对①②各占30%，答对③占40%。

20. BC02 简述接闪器的检查包括哪些内容？

答：①目测接闪器以及引下线的设计安装是否符合其技术要求；②对避雷器、避雷带和避雷网以及其引下线的可靠性以及锈蚀情况进行检查，特别注意焊接点的锈蚀情况。

评分标准：答对①②各占50%。

21. BC02 简述机房内等电位连接应注意哪些内容？

答：①检查机房内等电位连接结构应符合要求；②检查各设备接地线线径应符合要求，连接应可靠；③检查光缆金属加强芯应按照要求接地。

评分标准：答对①~③各占33%。

初级资质工作任务认证

初级资质工作任务认证要素细目表

模 块	代 码	工作任务	认证要点	认证形式
一、电气安全管理	S-DQ-01-C01	高压电器设备上工作的基本要求	高压电气设备的巡视	步骤描述
	S-DQ-01-C02	保证安全的组织措施和技术措施	(1)签发工作票；(2)安全措施布置情况检查	步骤描述
	S-DQ-01-C03	电气安全用具的管理	绝缘保护用具送检校验	步骤描述
	S-DQ-01-C04	电气锁定管理	部门锁、个人锁的上锁、解锁步骤	步骤描述
	S-DQ-01-C05	临时用电管理	办理临时用电许可	步骤描述
	S-DQ-01-C06	电气安全技术措施与反事故措施		步骤描述
二、电气设备运行与维护检修管理	S-DQ-02-C01	电气设备运行、操作及故障处理	设备缺陷管理	步骤描述
	S-DQ-02-C02	电气设备检修计划的制定	电气设备检修工作方案材料收集	步骤描述
	S-DQ-02-C03	电气设备的检修	参加电气设备检修工作	步骤描述
	S-DQ-02-C04	电气设备检修后的试运和投用	设备检修后投运前检查	步骤描述
三、电气设备预防性试验管理	S-DQ-03-C01	电气设备预防性试验的准备工作与安排	电气设备预防性试验检修的准备	步骤描述
	S-DQ-03-C02	电气设备预防性试验	电气设备预防性试验过程的安全监督	步骤描述
	S-DQ-03-C03	电气设备预防性试验结果分析评价	电气设备预防性试验数据收集	步骤描述
	S-DQ-03-C04	电气设备预防性试验材料归档	电气预防性试验报告整理	步骤描述
四、防雷防静电管理	S-DQ-04-C01	防雷防静电装置检测	防雷防静电装置检查	步骤描述
	S-DQ-04-C02	雷击事件分析处理	雷击事件现象记录	步骤描述

初级资质工作任务认证试题

一、S-DQ-01-C01 高压电气设备上的工作——高压设备的巡视

1. 考核时间：20min。
2. 考核方式：步骤描述。
3. 考核评分表。

考生姓名：_____   单位：_____

序号	工作步骤	工作标准	配分	评分标准	扣分	得分	考核结果
1	高压设备巡视人员要求	①经本单位批准允许单独巡视高压设备的人员巡视高压设备时，不准进行其他工作，不准移开或越过遮栏。②雷雨天气，需要巡视室外高压设备时，应穿绝缘靴，并不准靠近避雷器和避雷针。③火灾、地震、台风、冰雪、洪水、泥石流、沙尘暴等灾害发生时，如需要对设备进行巡视时，应采取安全措施，得到设备运行单位分管领导批准，并至少两人一组，巡视人员应与派出部门之间保持通信联络。④高压设备发生接地时，室内不准接近故障点 4m 以内，室外不准接近故障点 8m 以内。进入上述范围人员应穿绝缘靴，接触设备的外壳和构架时，应戴绝缘手套。⑤巡视室内设备，应随手关门。⑥高压室的钥匙至少应有 3 把，由运行人员负责保管，按值移交。一把专供紧急时使用，一把专供运行人员使用，其他用于借给经批准的巡视高压设备人员和经批准的检修、施工队伍的工作负责人使用，但应登记签名，巡视或当日工作结束后交还	30	答错或漏答每项扣 5 分			
2	户内、户外高压设备巡检	①户内高压设备巡检，发现缺陷记录；②户外高压设备巡检，发现缺陷记录；③巡视时按照要求劳保着装	30	①户内高压设备巡视不合格，扣 5 分，发现缺陷未记录扣 5 分；②户外高压设备巡视不合格，扣 5 分，发现缺陷未记录扣 5 分；③巡视时未按照要求劳保着装扣 10 分			

续表

序号	工作步骤	工作标准	配分	评分标准	扣分	得分	考核结果
3	巡视结果评估	①巡视结果进行评估；②对评估出的问题进行记录并上报	20	①对巡视结果未评估扣10分；②对评估出的问题未记录并上报扣10分			
4	对发现问题进行处理	①对发现的能自行处理的问题自行处理并记录；②对不能自行处理的问题进行记录并上报	20	①对发现的能自行处理的问题未处理扣5分，未记录扣5分；②对不能自行处理的问题未记录扣5分，未上报扣5分			
		合计	100				

考评员　　　　　　　　　　　　　　　　　　　　　　　年　月　日

二、S-DQ-01-C02-01 落实保证安全的组织措施和技术措施——签发工作票

1. 考核时间：20min。
2. 考核方式：步骤描述。
3. 考核评分表。

考生姓名：_____　　　　　　　　　　　　　单位：_____

序号	工作步骤	工作标准	配分	评分标准	扣分	得分	考核结果
1	根据工作任务对工作票内容进行审核	①工作票中所列内容齐全、正确；②工作票中所列安全措施齐全、完备；③工作票中工作负责人、工作监护人、工作许可人职责明确，签字完整	30	①工作票中所列内容不齐全、不正确最高扣10分；②工作票中所列安全措施不齐全、不完备最高扣10分；③工作票中工作负责人、工作监护人、工作许可人职责不明确，签字不完整，扣10分			
2	对工作票存在的问题进行完善	补充完善工作票相关内容	10	逐项审核工作票内容，内容完善不需补充进行说明得10分，内容不完善提出补充内容，补充内容合理得10分，对不完善内容未提出补充内容或补充内容不合理扣10分			

续表

序号	工作步骤	工作标准	配分	评分标准	扣分	得分	考核结果
3	组织工作负责人、工作许可人按照工作票填写内容对现场设备状态和所做安全措施进行核对	①组织人员现场核对;②核对设备状态;③核对现场安全措施	30	①未组织人员现场核对扣30分,核对时参加人员不全扣10分;②未核对设备状态扣10分;③未核对现场安全措施扣10分			
4	现场安全措施补充完善	对现场安全措施进行检查,对存在的问题进行补充完善	10	补充措施不到位最高扣10分			
5	签发工作票	①工作票审核无问题,各方签字完整、无误;②完成工作票的签发	20	①工作票各方签字不完整,有错误扣10分;②工作票未签发扣10分			
		合计	100				

考评员　　　　　　　　　　　　　　　　　　　　　　年　月　日

三、S-DQ-01-C02-02 落实保证安全的组织措施和技术措施——安全措施布置情况检查

1. 考核时间:20min。
2. 考核方式:步骤描述。
3. 考核评分表。

考生姓名:_____　　　　　　单位:_____

序号	工作步骤	工作标准	配分	评分标准	扣分	得分	考核结果
1	保证安全的组织措施检查	①检查工作票、工作监护、工作许可、工作间断、转移、终结制度的落实情况;②对工作负责人、工作许可人、工作票签发人的职责明确情况以及持证上岗情况进行检查	30	①未严格落实工作票、工作监护、工作许可、工作间断、转移、终结制度或落实不到位扣15分;②未对工作负责人、工作许可人、工作票签发人的职责明确情况以及持证情况进行检查扣15分			

续表

序号	工作步骤	工作标准	配分	评分标准	扣分	得分	考核结果
2	保证安全的技术措施检查	①检查是否严格遵守停电、验电、挂设接地线、悬挂标识牌和装设围栏的要求；②对照工作票检查现场安全措施的落实及完整情况	30	①未严格遵守停电、验电、挂设接地线、悬挂标识牌和装设围栏要求的扣15分；②现场安全措施未落实或不完整扣15分			
3	补充安全措施	对检查确认不能满足安全要求或需要补充安全措施的位置，应补充完善安全措施	20	未按要求补充完善安全措施扣20分			
4	安全措施检查有问题，对工作票进行补充完善并重新签发	①安全措施检查有问题应补充完善工作票；②工作票各方签字后签发工作票	20	①未补充完善工作票扣10分；②工作票各方未签字或工作票未签发扣10分			
		合计	100				

考评员　　　　　　　　　　　　　　　　　　　　　　　　　　　年　　月　　日

四、S-DQ-01-C03 电气安全用具的使用——绝缘保护用具送检校验

1. 考核时间：20min。
2. 考核方式：步骤描述。
3. 考核评分表。

考生姓名：＿＿＿＿＿＿　　　　　　　　　　　　　　单位：＿＿＿＿＿＿

序号	工作步骤	工作标准	配分	评分标准	扣分	得分	考核结果
1	按照安规要求的校验周期，确定各类常用绝缘保护用具的校验周期	①绝缘手套的检验周期；②绝缘靴的检验周期；③接地线的检验周期；④验电器的检验周期；⑤绝缘拉杆的检验周期	25	答错或漏答每项扣5分			
2	在绝缘保护用具台账中记录最新校验时间与有效期	①绝缘保护用具台账记录完整；②绝缘保护用具台账实时更新	20	①绝缘保护用具记录不完整扣10分；②台账未实时更新扣10分			

续表

序号	工作步骤	工作标准	配分	评分标准	扣分	得分	考核结果
3	绝缘保护用具到期前提前联系具备检验资质的单位的进行送检	①检验单位具备相应检验资质；②到期前提前送检；③无过期的绝缘保护用具	30	①不具备检验资质扣10分；②到期前未提前送检扣10分；③绝缘保护用具过期扣30分			
4	检验单位检验结果确认及记录	①及时掌握检验单位检验结果，对不合格的绝缘保护用具及时进行报废并补充新绝缘保护用具；②对绝缘保护用具台账进行及时更新	20	①未及时掌握检验结果，未对不合格的绝缘保护用具进行报废并补充新的绝缘保护用具扣10分；②绝缘保护用具台账未及时更新扣10分			
5	送检期间绝缘保护用具的管理	送检期间，变电所应有校验合格的备用绝缘保护用具	5	送检期间无合格的备用绝缘保护用具扣5分			
		合计	100				

考评员　　　　　　　　　　　　　　　　　　　　　　　　　　年　　月　　日

五、S-DQ-01-C04 电气锁定管理——部门锁、个人锁的上锁、解锁步骤

1. 考核时间：20min。
2. 考核方式：流程描述。
3. 考核评分表。

考生姓名：_____　　　　　　　　　　　　　　　　单位：_____

序号	工作步骤	工作标准	配分	评分标准	扣分	得分	考核结果
1	理解部门锁、个人锁的定义和使用范围	①个人锁是指在进行检维修作业时，为了防止误操作导致原油、成品油、天然气、电能等意外泄漏，对可能产生危险的设施由作业人员自己进行锁定所用的锁具；②部门锁是指在生产运行过程中或多工种配合维检修作业中，为防止误操作导致的系统危险或造成的人员伤害、设备损毁，对停用的装置、设备、下游未投运的系统及需要锁定的设施进行锁定所用的锁具	20	①未掌握个人锁的定义和使用范围扣10分；②未掌握部门锁的定义和使用范围扣10分			
2	正确判定使用部门锁还是个人锁	根据工作任务和部门锁、个人锁的使用范围确定使用部门锁还是个人锁	20	不能正确判定锁具使用类型扣20分			

续表

序号	工作步骤	工作标准	配分	评分标准	扣分	得分	考核结果
3	填写、审核锁定操作票	①锁定操作票所列内容齐全、正确;②锁定操作票解锁人、领锁人、批准人职责明确,签字完整	20	①锁定操作票填写内容不全、有误扣10分;②锁定操作票解锁人、领锁人、批准人职责不明确,签字不完整扣10分			
4	领锁	①正确领取部门锁钥匙;②正确领取个人锁锁具	10	①部门锁钥匙领取错误扣5分;②个人锁锁具领取错误扣5分			
5	按照操作票所列内容对现场锁定部位部门锁进行解锁、个人锁进行上锁	①是否严格执行锁定操作票;②部门锁正确解锁;③个人锁正确上锁;④正确进行紧急解锁	20	①不执行锁定操作票扣20分;②部门锁解锁不正确扣5分;③个人锁上锁不正确扣5分;④紧急解锁不正确扣10分			
6	工作结束关闭锁定操作票	①工作结束对已解锁的部门锁上锁,已上锁的个人锁解锁并收回;②关闭锁定操作票	10	①工作结束对已解锁的部门锁未上锁,已上锁的个人锁未解锁并收回扣5分;②未关闭锁定操作票扣5分			
		合计	100				

考评员　　　　　　　　　　　　　　　　　　　　　　　　　　　年　　月　　日

六、S-DQ-01-C05 临时用电管理——办理临时用电许可

1. 考核时间:20min。
2. 考核方式:步骤描述。
3. 考核评分表。

考生姓名:＿＿＿＿＿＿　　　　　　　　　　　　　　　　单位:＿＿＿＿＿＿

序号	工作步骤	工作标准	配分	评分标准	扣分	得分	考核结果
1	对用电许可申请人准备的资料进行检查	①检查作业内容说明;②检查施工组织设计及相关附图;③检查风险评估结果(如作业安全分析JSA);④检查作业计划书或风险管理单	20	①未检查作业内容说明扣5分;②未检查施工组织设计及相关附图扣5分;③未检查风险评估结果扣5分;④未检查作业计划书或风险管理单扣5分			

续表

序号	工作步骤	工作标准	配分	评分标准	扣分	得分	考核结果
2	现场确认	①根据检查合格后的临时用电许可申请人提供的资料正确计算用电负荷；②到用电现场确认电源接入点	20	①未正确计算用电负荷扣10分；②未到用电现场确认电源接入点扣10分			
3	填写临时用电许可证	根据提供资料及现场确认情况填写临时用电许可证	10	未填写临时用电许可证扣10分			
4	临时用电许可证的审核	①由临时用电单位提出申请，所属管理单位项目(作业)主管部门(站队)负责人组织电气专业人员对临时用电施工组织设计及安全措施进行书面审查。书面审查通过后，生产(作业)区域负责人组织对临时用电安全措施的落实情况和用电设备进行现场核查。②生产(作业)区域负责人负责批准签发临时用电作业许可证，临时用电作业实施单位指派人员对临时用电进行监护。③临时用电许可证有效期限一般不超过一个班次。如果在书面审查和现场核查过程中，经确认需要更多的时间进行作业，应根据作业性质、作业风险、作业时间，经相关各方协商一致确定作业许可证的有效期限。临时用电许可证的有效期限最长不能超过15天，用电时间超过15天应重新办理临时用电许可证。④临时用电许可证的分发、取消、管理具体执行《作业许可管理程序》。⑤临时用电结束后，应及时通知批准人按照临时用电施工组织设计中的拆除方案拆除临时用电线路。线路拆除后，应指派电气专业人员进行检查验收，并签字确认。临时用电作业申请人和批准人签字关闭临时用电许可证	25	答错或答漏一项扣5分			
5	补充完善临时用电许可证	对所开临时用电许可证审核中发现的问题进行补充完善	5	未对临时用电许可证进行补充完善扣5分			
6	临时用电许可证的批准	①临时用电许可证审核完善后对临时用电许可证进行批准用电；②临时用电结束关闭临时用电许可证	20	①未对临时用电许可证进行批准扣10分；②临时用电结束未关闭许可证扣10分			
		合计	100				

考评员　　　　　　　　　　　　　　　　　　　　　　　年　　月　　日

七、S-DQ-01-C06 电气安全技术措施与反事故措施——电气安全技术措施与反事故措施

1. 考核时间：20min。
2. 考核方式：步骤描述。
3. 考核评分表。

考生姓名：_____　　　　　　　　　　　　　单位：_____

序号	工作步骤	工作标准	配分	评分标准	扣分	得分	考核结果
1	电气安全技术措施与反事故措施的管理内容	掌握电气安全技术措施的保护重点	20	电气安全技术措施简称安措，又叫劳动保护措施。是指以改善劳动条件，防止工伤事故，防止职业病和职业中毒等引起伤害的保护措施。简而言之，安措是针对人身安全采取的保护措施。未掌握电气安全技术措施保护重点扣20分			
		掌握反事故措施的主要内容和防范重点	20	反事故措施简称反措。是指对生产过程中发生的事故所采取的技术性防范措施，主要以防止设备事故，防止人员误操作、防腐、防爆、防污闪等事故发生的技术措施。可以说，反措是针对可能发生的设备事故采取防护措施。回答不正确扣20分			
		"安措""反措"计划编制时间要求	10	站队根据各站的实际情况，每季度最后一天前编写下季度的"安措""反措"计划，并按时间组织实施。回答不正确扣10分			
2	"安措"计划的主要内容	掌握"安措"计划的主要内容	20	能举例说明5项及以上安措计划内容得20分，5项以下每回答对1项得4分			
3	"反措"计划的主要内容	掌握反措计划的主要内容，反措计划根据季节和气候特点分月制定	30	能掌握反措计划的主要内容，清楚反措计划是根据季节和气候特点分月制订得10分，可以举例两个月份的反措工作得20分，能举例一个月份的反措工作得10分			
		合计	100				

考评员　　　　　　　　　　　　　　　　　　　　　　　　　　　年　　月　　日

八、S-DQ-02-C01 电气设备运行、操作及故障处理——设备缺陷管理

1. 考核时间：20min。
2. 考核方式：步骤描述。
3. 考核评分表。

考生姓名：_____　　　　　　　　　　单位：_____

序号	工作步骤	工作标准	配分	评分标准	扣分	得分	考核结果
1	巡检、试验发现设备缺陷	及时了解和掌握本单位管辖设备的全部缺陷和缺陷的处理情况	20	未及时发现设备缺陷扣20分			
		对设备缺陷应及时登记、汇报：①一般缺陷每月上报一次，以便安排处理；②发现危急或严重缺陷后，应立即上报	20	发现缺陷未登记扣10分，对不能现场处理的缺陷未上报扣10分			
		针对缺陷提出整改意见和建议	10	未提出整改意见和建议扣10分			
2	制订缺陷消除措施	①制订消除缺陷的措施和缺陷处理前的保障措施和应急准备；②督促及时消除危急、严重的缺陷，有计划地处理一般缺陷	20	未制订缺陷处理措施和消缺前的保障措施与应急准备工作扣10分；未督促缺陷处理扣10分			
3	消除缺陷	①消除缺陷工作应列入各单位月度生产计划；②对危急、严重或有普遍性的缺陷要及时研究对策，制订措施，尽快消除	30	缺陷消除工作未列入月度计划扣15分；对危急、严重或有普遍性的缺陷未及时研究对策、制订措施扣15分			
	合计		100				

考评员　　　　　　　　　　　　　　　　　　　　　　　　　　年　　月　　日

九、S-DQ-02-C02 电气设备检修计划的制定——电气设备检修工作方案材料收集

1. 考核时间：20min。
2. 考核方式：步骤描述。
3. 考核评分表。

考生姓名：_____　　　　　　　　　　　　　　　单位：_____

序号	工作步骤	工作标准	配分	评分标准	扣分	得分	考核结果
1	设备运行情况收集	同设备运行管理人员了解设备运行的相关信息，掌握设备运行存在的问题和发生的异常情况	30	能完成运行情况收集得满分，不收集设备运行信息扣30分			
2	设备缺陷信息收集	查看设备缺陷记录，了解设备缺陷情况	30	未收集设备缺陷信息扣30分			
3	核对设备检修周期表	按照设备检修周期结合设备试验评价情况，确定设备是否需进行检修	20	检修周期核对正确，并结合试验评价情况确定是否检修得20分，未考虑试验评价情况扣10分，未核对设备检修周期扣10分			
4	收集资料整理	将上述运行情况和设备缺陷信息及检修周期和试验评价情况收集材料整理成文字材料，供检修工作方案编制使用	20	材料整理齐全得20分，材料收集未整理扣20分			
	合计		100				

考评员　　　　　　　　　　　　　　　　　　　　　　　　　　年　　月　　日

十、S-DQ-02-C03 电气设备的检修——参加电气设备检修工作

1. 考核时间：20min。
2. 考核方式：步骤描述。
3. 考核评分表。

考生姓名：_____　　　　　　　　　　　　　　　单位：_____

序号	工作步骤	工作标准	配分	评分标准	扣分	得分	考核结果
1	检修准备工作	①参加技术交底会；②认真核对所有设备与设计图纸是否一致；③认真检查所需工具及材料是否齐全；④对所检修的设备进行检查；⑤做好现场检修前期准备工作	50	未完成检修准备的每缺一项扣10分			

续表

序号	工作步骤	工作标准	配分	评分标准	扣分	得分	考核结果
2	落实检修安全措施	①检查确认安全措施齐全完备，做好技术措施和组织措施；②检修过程中认真执行《安规》要求，做好监护工作	30	未落实检修安全措施的扣30分			
3	检修实施	按检修计划，实施检修工作	10	未按计划实施的扣10分			
4	检修效果确认	检修后对检修效果进行确认，保证检修目标已实现	10	未对检修效果进行确认扣10分			
		合计	100				

考评员　　　　　　　　　　　　　　　　　　　　　　　　年　　月　　日

十一、S-DQ-02-C04 电气设备检修后的试运和投用——设备检修后投运前检查

1. 考核时间：20min。
2. 考核方式：步骤描述。
3. 考核评分表。

考生姓名：_____　　　　　　　　　　　　单位：_____

序号	工作步骤	工作标准	配分	评分标准	扣分	得分	考核结果
1	检修后设备投运前的检查确认	检查确认检修工作已结束，安全措施已拆除，现场达到"工完、料净、场地清"的条件	40	不满足条件，扣40分			
2	对待投运设备各项保护和状态信号进行检查确认	按照设备运行标准，检查设备投运后无报警信息，运行参数满足运行标准要求	40	不满足条件，扣40分			
3	组织试运	根据生产运行情况，安排检修后机组的试运，并重点巡视	20	不满足条件扣20分			
		合计	100				

考评员　　　　　　　　　　　　　　　　　　　　　　　　年　　月　　日

十二、S-DQ-03-C01 电气设备预防性试验的准备工作与安排——电气设备预防性试验检修的准备

1. 考核时间：20min。
2. 考核方式：步骤描述。
3. 考核评分表。

考生姓名：_____　　　　　　　　　　　　　　单位：_____

序号	工作步骤	工作标准	配分	评分标准	扣分	得分	考核结果
1	组织安规培训与考试	春检前组织完成安规培训与电气人员的安规考试	30	未组织安规培训，扣20分；安规考试一人不及格扣5分，扣完为止			
2	对典型倒闸操作进行模拟	根据操作票内容，逐项进行模拟操作，核对操作票的正确性	20	未对典型倒闸操作模拟演练，扣20分			
3	对所辖电气设备进行预防性试验前的问题摸底排查，准备材料备件	对所辖电气设备进行预防性试验前的问题摸底排查，做好记录，做好相关春检所需材料和备件的准备	20	未对设备状态进行摸底排查，扣15分，未准备材料、备件扣5分			
4	试验仪器设备送检	对试验仪器设备进行送检校验	20	试验设备未提前送检，扣20分			
5	参加分公司召开的电气春检启动会	春检前组织技术员参加分公司电气春检启动会	10	未参加春检启动会扣10分			
		合计	100				

考评员　　　　　　　　　　　　　　　　　　　　　　　　年　　月　　日

十三、S-DQ-03-C02 电气设备预防性试验——电气设备预防性试验过程的安全监督

1. 考核时间：20min。
2. 考核方式：步骤描述。
3. 考核评分表。

考生姓名：_____　　　　　　　　　　　　　　单位：_____

序号	工作步骤	工作标准	配分	评分标准	扣分	得分	考核结果
1	安全措施检查	检查确认安全措施是否齐全完备	20	未检查确认安全措施，扣20分			
2	试验进度上报	每周四收集试验进度情况，对比计划安排	20	未做试验进度情况分析，扣20分			

续表

序号	工作步骤	工作标准	配分	评分标准	扣分	得分	考核结果
3	试验现场检查	①检查试验现场，重点检查安全管理；②现场管理情况	20	①安全管理不合格最多扣10分；②现场管理不规范最多扣10分			
4	《预防性试验过程控制表》的使用情况检查	检查《预防性试验过程控制表》的使用情况	20	试验过程中未使用或未正确使用过程控制表，根据情况扣分，最多扣20分			
5	提出整改意见和建议	对试验进度和现场检查中发现的问题提出意见和建议	20	未提出意见和建议扣20分			
		合计	100				

考评员　　　　　　　　　　　　　　　　　　　　　　　　年　　月　　日

十四、S-DQ-03-C03 电气设备预防性试验结果分析评价——电气设备预防性试验数据收集

1. 考核时间：20min。
2. 考核方式：步骤描述。
3. 考核评分表。

考生姓名：_____　　　　　　　　　　单位：_____

序号	工作步骤	工作标准	配分	评分标准	扣分	得分	考核结果
1	向施工单位索要试验数据	①及时索要电气设备预防性试验数据；②索要的试验数据是否齐全；③检测时间、地点、环境条件收集；④所用仪器设备的名称、型号、编号、试验前后的检查情况收集；⑤对设备的名称、编号、检测结果收集；⑥参试人员、复核人员的签名完整	60	①~⑥每项各10分			
2	对试验数据进行整理	①对收集到的数据进行整理；②检查试验数据是否完整	20	①②每项各10分			
3	对试验数据进行记录	①试验记录应采用统一的表格、使用法定计量单位；②试验记录填写应清楚、整齐、完整，无关栏目应划去；③修改处应加盖修改人便章；④试验数据的有效位数，应该与试验设备的准确度相适应，不足部分，以"0"补齐，以使试验数据的有效位数相等	20	①~④每项各5分			
		合计	100				

考评员　　　　　　　　　　　　　　　　　　　　　　　　年　　月　　日

十五、S-DQ-03-C04 电气设备预防性试验材料归档——电气预防性试验报告整理

1. 考核时间：20min。
2. 考核方式：步骤描述。
3. 考核评分表。

考生姓名：_____　　　　　　　　　　　　　　单位：_____

序号	工作步骤	工作标准	配分	评分标准	扣分	得分	考核结果
1	对试验报告进行整理	①将试验数据完整填入试验报告；②试验记录应采用统一的表格、使用法定计量单位；③试验报告与试验记录核对，保证完整无误	30	①~③每项各10分			
2	对实验报告数据进行审核	①试验数据填写完整、齐全、符合规范；②试验报告无涂改；③试验报告要有具有法定资质的公章	30	①~③每项各10分			
3	对试验报告审核出的问题进行修改完善	①对试验报告审核出的问题进行记录；②对试验报告进行修改完善	20	①②每项各10分			
4	试验报告的归档	①试验报告至少应留底一份；②试验报告与试验记录一起归档保存，保存期不应少于两年	20	①②每项各10分			
		合计	100				

考评员　　　　　　　　　　　　　　　　　　　　　　　　　年　　月　　日

十六、S-DQ-04-C01 防雷防静电装置检测——防雷防静电装置检查

1. 考核时间：20min。
2. 考核方式：步骤描述。
3. 考核评分表。

考生姓名：_____　　　　　　　　　　　　　　单位：_____

序号	工作步骤	工作标准	配分	评分标准	扣分	得分	考核结果
1	防雷防静电装置检查要求	①日常检查，随设备检查进行；②雷雨季节加强检查	10	①②每项各5分			
2	户外避雷器的检查项目	①检查瓷质部分应无破损、裂纹及有放电痕迹；②检查避雷器固定是否牢靠，紧固安装螺栓等固定部件；③检查避雷器线路侧和接地侧的接线端子应紧固，应无放电烧伤痕迹，损伤者予以更换；④检查引线及接地下引线应无烧伤痕迹及断股现象，					

续表

序号	工作步骤	工作标准	配分	评分标准	扣分	得分	考核结果
2	户外避雷器的检查项目	烧伤、断股者应更换；⑤水泥接合缝应良好，金属件应无锈蚀，油漆应完整；⑥检查密封结构的金属件应无不正常的变色和熔孔，否则应更换避雷器；⑦放电记录器应完好，并指示调零；⑧按《油气管道电气设备预防性及检修试验手册》要求进行电气试验	40	①~⑧每项各5分			
3	避雷针的检查项目	①检查避雷针应固定牢靠，杆塔无倾斜；②检查接地线应连接可靠，无锈蚀和断裂现象；③测量接地电阻合格	15	①~③每项各5分			
4	接地装置的检查项目	①接地线应无损伤、折断和腐蚀现象；②检查接地支线和干线的连接是否牢固可靠；③检查自然接地体是否牢固；④更换已损坏的连接片及螺栓，对腐蚀截面大于原截面1/3的地面引线可采用并接线加强措施，对地面引线应测量连接点的直流电阻和重刷防腐涂料；⑤接地线与电气设备及接地网的连接应可靠，如有松动和脱落应及时补焊；⑥接地装置的埋引线在距离地面0~300mm段容易受腐蚀，要注意检查，发现腐蚀严重的可采用并接线加强措施；⑦对含有重酸、碱、盐或金属矿岩等化学成分的土壤地带，第5年对接地装置的地下部分挖开地面进行检查，观察接地体腐蚀情况	35	①~⑦每项各5分			
	合计		100				

考评员　　　　　　　　　　　　　　　　　　　　　　　　　　　年　　月　　日

十七、S-DQ-04-C02 雷击事件分析处理——雷击事件现象记录

1. 考核时限。
2. 考核内容。
3. 技能项目评分表。

考生姓名：＿＿＿＿＿＿＿　　　　　　　　　　　　　单位：＿＿＿＿＿＿＿

序号	工作步骤	工作标准	配分	评分标准	扣分	得分	考核结果
1	问题情况初步核实	①根据时间、地点信息核实确认是否为雷击引起；②对防雷系统现有的配置情况和防雷器件损失破坏情况进行核实	50	①未根据时间、地点信息核对当日是否有雷暴发生扣20分；②未对防雷系统现有的配置情况和防雷器件损失破坏情况进行核实。扣30分			

续表

序号	工作步骤	工作标准	配分	评分标准	扣分	得分	考核结果
2	防雷问题收集	事件发生后，及时收集事件基本信息，包括事件发生的①时间、地点；②工艺运行方式及操作情况；③受损坏的主要设备或元件损坏情况，现场照片资料等	30	信息收集齐全包括事件发生的时间、地点，工艺运行方式及操作情况，受损坏的主要设备或元件损坏情况，现场照片资料等。缺少一项扣10分			
3	整理雷击事件材料	①将收集到的材料和核实确认的信息以及初步原因判断情况整理成报告初稿；②报送领导审核	20	①未把材料整理齐全扣15分；②未报送领导审核扣5分			
		合计	100				

考评员　　　　　　　　　　　　　　　　　　　　　　　年　　月　　日

中级资质理论认证

中级资质理论认证要素细目表

行为领域	代码	认证范围	编号	认证要点
基础知识A	A	基本概念和一般要求	01	基本概念
			02	一般要求
	B	变电所管理	01	运行管理
			02	安全管理
			03	设备管理
			04	事故处理
	C	电气设备预防性试验基础知识	01	电气设备预防性试验方法和项目
专业知识B	B	电气设备运行与维护检修管理	01	电气设备运行、操作及故障处理
			02	电气设备检修计划的制定
			03	电气设备的检修
			04	电气设备检修后的试运和投用
	C	电气设备预防性试验管理	01	电气设备预防性试验准备工作及安排
			02	电气设备预防性试验
			03	电气设备预防性试验数据分析及评价
			04	电气试验相关技术资料的形成与归档
	D	防雷防静电管理	01	防雷防静电装置检查
			02	防雷防静电装置维护、检测要求

中级资质理论认证试题

一、单项选择题(每题4个选项,将正确的选项号填入括号内)。

第一部分 基础知识

基本概念与一般要求部分

1. AA01 输油站场的电力负荷分级:首站、末站、减压站和压力、热力不可逾越的中间(热)泵站应为(　　)。

　　A. 一级负荷　　　　B. 二级负荷　　　　C. 三级负荷　　　　D. 四级负荷

2. AA01 以下是内桥接线主要缺点的是(　　)。
A. 使用电器少　　B. 变压器投切比较复杂
C. 工作可靠灵活　　D. 线路投切比较方便

3. AA01 以下是内桥接线优点的是(　　)。
A. 使用电器少　　　　　　　B. 变压器投切比较方便
C. 工作可靠灵活　　　　　　D. 线路投切比较方便

4. AA02 在电气设备上工作时，人体与66kV带电体的最小安全距离是(　　)。
A. 0.1m　　　　B. 0.7m　　　　C. 1.0m　　　　D. 1.5m

5. AA02 两个电源并列运行应满足条件不包括(　　)。
A. 相位相同　　　　　　　　B. 电压差不超过10%
C. 相序一致　　　　　　　　D. 电压差不超过20%

6. AA02 变电所应根据电压质量及功率因数变化及时投切无功补偿电容器，使月平均功率因数达到(　　)以上并满足当地电力部门的要求。
A. 0.7　　　　B. 0.8　　　　C. 0.85　　　　D. 0.9

7. AA02 用隔离开关可以拉、合(　　)容量以下的66kV空载变压器。
A. 1000kV·A　　B. 3200kV·A　　C. 5000kV·A　　D. 6400kV·A

8. AA02 用隔离开关可以拉、合(　　)容量以下的35kV空载变压器。
A. 1000kV·A　　B. 3200kV·A　　C. 5000kV·A　　D. 6400kV·A

9. AA02 用隔离开关可以拉、合(　　)容量以下的10kV空载变压器。
A. 160kV·A　　B. 200kV·A　　C. 320kV·A　　D. 640kV·A

10. AA02 在爆炸危险场所允许的行为有(　　)。
A. 携带可燃气体报警器　　B. 打电话　　C. 穿脱衣服　　D. 禁止梳头

11. AA02 以下可以不用设置本安型人体静电消除器的是(　　)。
A. 泵房的门外　　　　　　B. 油罐的上罐扶梯入口
C. 油罐采样口处　　　　　D. 变电所门外

12. AA02 丙级资质单位可以从事(　　)防雷建筑物的防雷工程的设计或者施工。
A. 第一类　　B. 第二类　　C. 第三类　　D. 都可以

13. AA02 爆炸危险场所根据爆炸性气体混合物出现的频率、持续时间进行分区：爆炸性气体混合物连续出现或长期存在的场所应为(　　)区。
A. 0　　　　B. 1　　　　C. 2　　　　D. 3

变电所管理部分

14. AB01 电缆沟内电缆排列整齐(　　)。
A. 无杂物　　B. 无污染　　C. 无积水　　D. 无杂物、无积水

15. AB01 结合预防性试验结果，(　　)应对电力设备的运行维护工作进行一次全面的分析评价，掌握设备状况，报上级主管部门，为做好设备检修和更新改造计划提供参考依据。
A. 每年　　B. 每2年　　C. 每半年　　D. 每季度

16. AB01 倒闸操作、处理事故及与电业调度、输油气生产值班调度等联系，均应启用(　　)。
A. 视频监控　　B. 电话　　C. 传真　　D. 录音设备

17. AB01 交接班前、后30min内,一般不进行重大操作。在处理事故倒闸操作时,不得进行交接班;交接班时发生事故,应停止交接班,由(　　)处理,接班人员在交班主值班员指挥下协助工作。

　　A. 交班人员　　　　B. 接班人员　　　　C. 全体人员　　　　D. 电气技术员

18. AB01 实现综合自动化保护系统的变电所,在交接班时交班人员退出、接班人员重新登录监控系统。值班记录的签名栏,应由交接班人员(　　)。

　　A. 按指纹　　　　　B. 打印名字　　　　C. 手写签名　　　　D. 盖名章

19. AB01 对各种值班方式下的巡视时间、次数、内容,各(　　)应做出明确规定。

　　A. 分公司　　　　　B. 输油气站　　　　C. 变电所　　　　　D. 运行班

20. AB01 变电所的设备巡视检查,一般分为(　　)和特殊巡视。

　　A. 正常巡视(含交接班巡视)、全面巡视、熄灯巡视

　　B. 正常巡视、全面巡视、熄灯巡视

　　C. 交接班巡视、全面巡视、熄灯巡视

　　D. 正常巡视、全面巡视

21. AB01(　　)应对缺陷有无发展做出鉴定,检查防火、防小动物、防误闭锁等有无问题,检查接地引线是否完好。

　　A. 每年　　　　　　B. 每周　　　　　　C. 每月　　　　　　D. 定期

22. AB01 夜间熄灯巡视至少(　　)一次,检查设备电晕、放电、接头过热等现象。

　　A. 每年　　　　　　B. 每周　　　　　　C. 每月　　　　　　D. 定期

23. AB02 变电所应划定消防部位,指定(　　)负责人,建立义务消防组织,并有消防部位平面图。

　　A. 防火　　　　　　B. 安全　　　　　　C. 管理　　　　　　D. 专职

24. AB02 变压器和设备架构的爬梯上应悬挂(　　)的警告牌。

　　A. 危险　　　　　　　　　　　　　　　B. 高压危险

　　C. 止步高压危险　　　　　　　　　　　D. 禁止攀登高压危险

25. AB02 室内装有SF$_6$设备的变电所,电气工作人员进行巡视、维修、充气等项工作时,应提前通风(　　)。

　　A. 5min　　　　　　B. 10min　　　　　C. 15min　　　　　D. 20min

26. AB03 根据设备缺陷管理要求分类,严重缺陷是指(　　)。

　　A. 设备和建筑物发生了直接威胁安全生产,需要紧急进行处理的缺陷

　　B. 设备发生问题,程度较重,还可以暂时运行的缺陷

　　C. 设备问题较轻,对安全运行影响不大的缺陷

　　D. 可以继续运行的缺陷

27. AB03 根据设备缺陷管理要求分类,危急缺陷是指(　　)。

　　A. 设备和建筑物发生了直接威胁安全生产,需要紧急进行处理的缺陷

　　B. 设备发生问题,程度较重,还可以暂时运行的缺陷

　　C. 设备问题较轻,对安全运行影响不大的缺陷

　　D. 可以继续运行的缺陷

28. AB04 处理事故的主要原则不包括(　　)。

A. 尽量保持继续供电以保证输油(气)生产不间断
B. 不扩大事故范围
C. 在处理事故时，所内用电和直流电源应保证供电
D. 交给上级部门处理

电气设备预防性试验基础知识部分

29. AC01 电气设备预防性试验方法中破坏性试验主要是指(   )。
    A. 耐压试验   B. 绝缘电阻
    C. 泄漏电流   D. 介质损耗因数

30. AC01 电气设备预防性试验方法按照测量的信息分为(   )。
    A. 常规停电试验和在线检测   B. 电气法和非电气法
    C. 破坏性试验和非破坏性试验 D. 户内试验和户外试验

31. AC01 电气设备预防性试验方法按照对电气设备绝缘的危险分为(   )。
    A. 常规停电试验和在线检测   B. 电气法和非电气法
    C. 破坏性试验和非破坏性试验 D. 户内试验和户外试验

32. AC01 电气设备预防性试验方法按照停电与否分为(   )。
    A. 常规停电试验和在线检测   B. 电气法和非电气法
    C. 破坏性试验和非破坏性试验 D. 户内试验和户外试验

第二部分 专 业 知 识

电气设备运行与维护检修管理部分

33. BB01 变压器发生重瓦斯保护动作跳闸时气体的颜色为黄色、不宜燃烧为(   )。
    A. 木质故障   B. 纸或纸板故障   C. 油故障   D. 空气进入

34. BB01 变压器发生重瓦斯保护动作跳闸时气体的颜色为淡黄色、气味强烈、可燃为(   )。
    A. 木质故障   B. 纸或纸板故障   C. 油故障   D. 空气进入

35. BB01 变压器发生重瓦斯保护动作跳闸时气体的颜色为灰色和黑色、易燃为(   )。
    A. 木质故障   B. 纸或纸板故障   C. 油故障   D. 空气进入

36. BB01 引起重瓦斯保护动作的原因可能为(   )。
    A. 呼吸不畅或排气未尽   B. 保护及直流等二次回路异常
    C. 内部线圈绝缘物老化击穿   D. 以上都是

37. BB01 变压器油温升高的原因可能为(   )。
    A. 线圈层间短路   B. 铁芯绝缘损坏产生涡流
    C. 变压器超负荷   D. 以上都是

38. BB01 应停止继电保护装置的工作(   )。
    A. 修改保护定值   B. 开关量输入输出回路上作业
    C. 装置内部检修   D. 以上都是

39. BB02 编制检修方案时不需要包括的内容是(   )。
    A. 投资概算   B. 组织机构   C. 主要工程量   D. 编制依据

40. BB03 电气设备检修原则应考虑的因素包括（   ）。
   A. 设备运行状况   B. 生产调度运行   C. 设备运行状况   D. 以上都是
41. BB03 干式变压器用压缩空气进行清洁除尘时气压不应超过（   ）。
   A. 0.1MPa   B. 0.2MPa   C. 0.3MPa   D. 0.4MPa
42. BB03 干式变压器检修过程中，测量线圈与线圈间绝缘电阻值不应低于（   ）（运行电压）。
   A. 1MΩ/kV   B. 2MΩ/kV   C. 3MΩ/kV   D. 4MΩ/kV
43. BB03 发生下列情况后，六氟化硫（SF_6）断路器可不用大修的是（   ）。
   A. 累计分、合闸次数达 2000 次   B. 正常运行 10 年
   C. 开断短路电流后   D. 开断短断电流达 10 次
44. BB03 六氟化硫断路器的小修项目不包括（   ）。
   A. 测量每相导电回路电阻   B. 测量并调整动触头行程及触头开柜
   C. 检查引线连接是否过热   D. 控制保护系统的检修
45. BB03 正常运行的六氟化硫（SF_6）断路器大修周期是（   ）。
   A. 2~3 年   B. 5~6 年   C. 8~10 年   D. 15~20 年
46. BB03 组合电器设备（GIS）的小修项目不包括（   ）。
   A. 密度计、压力计的校验   B. 更换密封件
   C. 吸附剂的更换   D. 导电回路接触电阻的测量
47. BB04 检修后的变压器初送电时，应在无载情况下进行全电压冲击合闸，第一次冲击合闸受电持续时间应不少于（   ）。
   A. 5min   B. 6min   C. 8min   D. 10min

> 电气设备预防性试验管理部分

48. BC01 每年电力设备预防性试验工作开展以前，管理人员要针对本年度预防性试验工作的特点，根据输油生产运行情况，合理编制本年度的（   ），并报输油调度和电力调度。
   A. 电力设备预防性试验计划   B. 电力设备预防性试验及检修方案
   C. 电力设备预防性试验方案   D. 电力设备预防性试验及检修计划
49. BC01 新参加电气工作的人员、实习人员和临时参加劳动的人员（管理人员、非全日制用工等），应经过安全知识教育后，方可参加指定的工作，并且不得（   ）。
   A. 参与试验   B. 参与操作   C. 单独操作   D. 单独工作
50. BC01 试验前，技术人员要联系各方（输油调度、电力调度等）确定好具体的工作内容和范围、工作人员数量、停电时间以及（   ）。
   A. 工作要求   B. 工作步骤
   C. 需要停电的带电设备   D. 送电时间
51. BC01 作业现场的生产条件、安全设施和（   ）等应符合国家或行业标准规定的要求，工作人员的劳动防护用品应合格、齐备。
   A. 安全工器具   B. 环境条件   C. 公共设施   D. 警示标志
52. BC01 作业现场严禁有其他施工人员，试验工作前一定要确认现场是否存在（   ）的可能。

A. 违章作业　　　　B. 单独作业　　　　C. 交叉作业　　　　D. 盲目作业

53. BC01(　　)应熟悉变电所主接线及系统运行方式,熟练掌握倒闸操作的技术,能够了解各项安全措施的目的和意义。
    A. 试验人员　　　　　　　　　　　　B. 外来施工人员
    C. 倒闸操作人员　　　　　　　　　　D. 检修人员

54. BC01 试验记录人员应详细记录被试设备编号、试验项目、测量数据、使用仪器编号,以及试验时(　　)、日期、试验人员等,最后整理好试验报告。
    A. 温度　　　　　B. 状态　　　　　C. 天气　　　　　D. 高度

55. BC01 一经合闸即可送电到工作地点的隔离开关(刀闸)的操作把手应上锁,并填写(　　)和《锁具动态管理台账》。
    A.《部门锁锁定操作票》　　　　　　B.《维检修工作票》
    C.《锁定操作票》　　　　　　　　　D.《倒闸操作票》

56. BC01 进行绝缘试验时,被试品温度不应低于(　　),户外试验应在良好的天气进行,且空气相对湿度一般不高于(　　)。
    A. +5℃,80%　　　　　　　　　　　B. +6℃,80%
    C. +10℃,80%　　　　　　　　　　 D. +5℃,60%

57. BC02 检查被试设备是否有遗留物包括:检查变压器台、电动机接线盒、开关柜内、手车开关上、各接线柱、电容器室等工作地点和设备上是否有遗留的(　　)、擦布、工具、零部件等物品。
    A. 接地线　　　　B. 保险丝　　　　C. 试验临时接线　　　　D. 短路线

58. BC02 生产科、试验班、输油(气)站三方共同对试验检修设备进行整组试验,确保设备远控、就地操作及(　　)可靠动作。
    A. 启、停机　　　B. 分、合闸　　　C. 各种保护　　　D. 各种功能

59. BC02(　　)试验是按过流保护定值设定标准值,在设备一次侧上加大电流,并在保护装置上和后台机监视保护动作过程,记录过流保护动作的时间、电流值,检验过流保护是否可靠动作。
    A. 启、停机　　　B. 整组传动　　　C. 过电压　　　　D. 过流

60. BC03 电力设备预防性试验结果的综合分析就是比较法,包括(　　)。
    A. 与设备历次(年)的试验结果相互比较
    B. 与同类型设备试验结果相互比较
    C. 同一设备相间的试验结果相互比较
    D. 都包括

61. BC03 进行绝缘电阻和吸收比测试试验时,对空气的相对湿度要求为小于(　　)。
    A. 80%　　　　　B. 85%　　　　　C. 90%　　　　　D. 100%

62. BC04 实践证明,反复的纵横审查是减少试验报告中数据差错率的有效手段。但是,应该指出,这种审查毕竟属于事后监督,若以全面质量管理的观点来看,更好的办法是抓好前期工序,即试验现场操作、记录、(　　)等环节的质量。
    A. 检查　　　　　B. 归档　　　　　C. 分析　　　　　D. 复核

63. BC04 工作票执行完毕后,当值的值班人员在备注栏内加盖"已执行"章。使用过的

两份工作票均由变电所保存，（　　）由电气技术员统一整理、收存，工作票保存期为一年。
  A. 每月　　　　　B. 每周　　　　　C. 每天　　　　　D. 每年
64. BC04 电气预防性试验工作中所执行的各管理表单需要被试部门技术人员提前一天准备好，以便工作时签字执行，已经完成签字的表单，一定要归档保存至少（　　）。
  A. 一个月　　　　B. 一周　　　　　C. 两年　　　　　D. 一年

防雷防静电管理部分

65. BD02 更换已损坏的连接片及螺栓，对腐蚀截面大于原截面（　　）的地面引线可采用并接线加强措施，对地面引线应测量连接点的直流电阻和重刷防腐涂料。
  A. 1/2　　　　　B. 1/3　　　　　C. 2/3　　　　　D. 1/4
66. BD02 对雷击现场损坏的应拍摄照片，连同损失情况等资料存入（　　）。
  A. 设备档案　　　B. 资料库　　　　C. 站队记录　　　D. 防雷接地档案

二、判断题（对的画"√"，错的画"×"）

第一部分　基 础 知 识

基本概念与一般要求部分

（　　）1. AA01 互感器是特殊的变压器，主要用于二次计量和继电保护。
（　　）2. AA01 电容器是无功补偿设备，主要用于改善功率因数。
（　　）3. AA01 对一次设备的工作进行监察测量、操作控制和保护的辅助设备称为二次设备。
（　　）4. AA01 电涌保护器用于限制瞬态过电压和分泄电涌电流的器件。它至少含有一个非线性元件。
（　　）5. AA01 等电位连接带是将绝缘装置、外来导电物、电力线路、电信线路及其他线路连于其上以能与防雷装置做等电位连接的金属带。
（　　）6. AA01 接闪器由拦截闪击的接闪杆、接闪带、接闪线、接闪网以及金属屋面、金属构件等组成。
（　　）7. AA01 阀式避雷器是一种能释放雷电或兼能释放电力系统操作过电压能量，保护电工设备免受瞬时过电压危害，又能截断续流，不致引起系统接地短路的电器装置。
（　　）8. AA01 体积电阻率是液体介质在单位体积内电阻的大小倒数。
（　　）9. AA01 电导率是物质传送电流的能力，就是电阻率，也叫比电阻。
（　　）10. AA02 站场应有防雷防静电接地分布图及台账，接地极应统一进行编号。
（　　）11. AA02 油气管道设施应采用防雷接地。防雷、防静电、电气设备、保护及信息系统等的接地，宜共用接地装置。
（　　）12. AA02 在有可能存在爆炸气体的建筑物处，应设置可靠的本安型人体静电释放柱，其内部电气系统应使用防爆功能的元件。
（　　）13. AA02 站场应建立专门的防雷接地档案，保存各接地装置和防雷装置的原始记录以及日常防雷检测记录。检测中发现问题及时上报，并修复。
（　　）14. AA02 当金属管段已做阴极保护时可以不接地。

变电所管理部分

（　　）15. AB01 值班人员不得进行与工作无关的其他活动。任何情况值班人员不得离开控制室。

（　　）16. AB01 交接班时，由交班值长按交接班内容向接班人员交待情况，指定值班员负责监盘，带领交接班人员对主要设备和地点进行现场检查。

（　　）17. AB01 交接班时，由交班值班员按交接班内容向接班人员交待情况，指定值班员负责监盘，带领交接班人员对主要设备和地点进行现场检查。

（　　）18. AB01 值班人员应按规定认真巡视检查设备，提高巡视质量，对发现的异常和缺陷，可以不向上级汇报。

（　　）19. AB01 巡视检查必要时可采用测温设备检查开关设备的接头部位，特别是设备新投入、大负荷、频繁启动或盛夏季节，加强对运行设备温升的监测，发现过热现象应及时处理；具备测量设备内部温度条件的，应对设备内部进行测温。如：开关柜内、避雷器、电流互感器、电压互感器、电容器等。

（　　）20. AB02 消防设施和器具的设置应符合消防部门的规定，每月定期检查消防器具的放置、完好情况并清点数量并记录。对损坏及过期的应及时更换，不得拖延。

（　　）21. AB02 控制盘、配电盘和开关场区的端子箱等电缆穿孔应由阻燃材料封堵。

（　　）22. AB03 对于生产加工难度大、采购周期长、对供电运行影响较大的备件，应纳入储备类备件管理，要及时制订配件计划，组织进货和存储。

（　　）23. AB04 在处理电力系统故障时所内用电和直流电源应保证供电。

电气设备预防性试验基础知识部分

（　　）24. AC01 电气预防性试验中的电气法是指测量各种电信息的方法，如测量泄漏电流、介质损耗因数 $\tan\delta$ 等。

（　　）25. AC01 电气预防性试验应先进行破坏性试验，再进行非破坏性试验。

第二部分　专　业　知　识

电气设备运行与维护检修管理部分

（　　）26. BB01 变压器发生重瓦斯保护动作跳闸后，经色谱分析为空气时，经上级部门同意，变压器可继续运行，并及时消除进气缺陷。

（　　）27. BB01 电压互感器的一次熔断器熔丝熔断时，电压互感器可以继续运行。

（　　）28. BB01 六氟化硫断路器气室发出操作闭锁信号时，断路器可继续运行但不能操作。

（　　）29. BB02 计划检修是以预防为主，根据零件磨损和使用寿命的规律，按照规定的周期、项目、要求，对设备进行有计划的检修。

（　　）30. BB02 状态检修是根据状态监测和诊断技术提供的设备状态信息，判断设备的异常，在故障发生前进行检修的方式，即根据设备的健康状态来安排检修计划，实施设备检修。

（　　）31. BB03 承受过正常过负荷和事故过负荷运行的变压器，应提前进行大修。

(   ) 32. BB03 运行中的变压器，发现异常状况或经试验判明内部有故障时，应提前进行大修。

(   ) 33. BB03 开断短路电流后的六氟化硫(SF_6)断路器可不立即进行检修。

(   ) 34. BB03 六氟化硫(SF_6)气体微量含水量或泄漏量超过标准，经处理后仍不能达到标准的六氟化硫(SF_6)断路器应进行大修。

(   ) 35. BB03 开断短断电流达 5 次的六氟化硫(SF_6)断路器，应进行大修。

(   ) 36. BB03 测量软启动器输入输出电缆的绝缘电阻值应大于 $10MΩ$。

(   ) 37. BB03 检修后的变压器需空载试运 24h 无异常，转入带载试运。

电气设备预防性试验管理部分

(   ) 38. BC01 电气工作人员首先必须具有全面的安全技术知识、良好的安全自我保护意识，总的来讲必须严格遵守最新的《电业安全工作规程》(简称《安规》)。

(   ) 39. BC01 电气试验人员要熟悉变电所电气主接线及系统运行方式。熟悉电气设备，了解继电保护及电气设备的控制原理及实际接线。

(   ) 40. BC01 对严重受潮的电动机、变压器，可直接进行绝缘试验。

(   ) 41. BC01 为保证试验仪器设备的性能，应按规程要求不定期对计量器具进行计量检定，对一般仪器设备进行校验。

(   ) 42. BC01 电气预防性试验作业人员要具备必要的安全生产知识，学会紧急救护法，特别要学会触电急救方法。

(   ) 43. BC02 被试设备完工验收是在整组验收之后进行。

(   ) 44. BC02 试验开关是否准确分、合闸时，在开关柜上进行远方/就地分、合闸操作，试验只需一人即可。

(   ) 45. BC02 操作柱分、合闸试验时，要有一人在后台机进行监视，生产科技人员、试验班人员、输油(气)站技术人员到设备操作柱现场进行操作。

(   ) 46. BC02 技术人员针对试验结果的验收主要依据 Q/SY GD 1020—2014《油气管道电力设备预防性及检修试验手册》的有关项目要求进行对比分析，结合设备的历年试验数据进行综合分析，判断电气设备是否存在隐患或缺陷。

(   ) 47. BC03 一般的电力设备都应定期地进行预防性试验，如果设备绝缘在运行过程中没有什么变化，则历次的试验结果都应当比较接近。

(   ) 48. BC03 对同一类型的设备而言，其绝缘结构相同，在相同的运行和气候条件下，其测试结果应大致相同，若悬殊很大，则说明绝缘可能有缺陷。

(   ) 49. BC03 表面的污染、受潮使绝缘物的表面电阻率下降，从而使绝缘电阻升高。

(   ) 50. BC03 在进行直流耐压试验时，加压速度过快，将影响吸收过程的完成，对电容量大的设备就有影响。

(   ) 51. BC03 泄漏电流随电压不成比例显著增长时，应注意分析。

(   ) 52. BC03 随着试验电压的增加，绝缘电阻会减少，对良好的干燥绝缘的影响较小。

(   ) 53. BC04 工作票执行完毕后，当值的值班人员在备注栏内加盖"已执行"章。使用过的两份工作票均由变电所保存，每月由电气技术员统一整理、收存，工作票保存期为一年。

防雷防静电管理部分

（　　）54. BD01 接地装置的埋引线在距离地面 0～300mm 段容易受腐蚀，要注意检查，发现腐蚀严重的可采用并接线加强措施。

（　　）55. BD01 地网检查内容为包括测试接地电阻值、检查接地引出线出土部分的锈蚀度以及连接牢固度。

三、简答题

第一部分　基础知识

基本概念与一般要求部分

1. AA02 配电系统按接地方式的不同分为哪三类？
2. AA03 爆炸危险场所根据爆炸性气体混合物出现的频率、持续时间如何分区？

变电所管理部分

3. AB01 简述变电所记录要求？
4. AB02 简述倒闸操作后的检查确认？
5. AB03 电气设备缺陷分哪几类？
6. AB03 备品备件管理的要求有哪些？

电气设备预防性试验基础知识部分

7. AC01 按照测量的信息分电气预防性试验分为哪几部分？

第二部分　专业知识

电气设备运行与维护检修管理部分

8. BB01 简述变压器过负荷信号动作的故障处理？
9. BB01 简述开关设备的电磁机构拒绝跳闸可能的原因？
10. BB01 简述开关设备的电磁机构误跳闸可能的原因？
11. BB03 简述软启动器的检修内容？
12. BB04 简述变压器的试运行？
13. BB04 简述变频装置的空载试运行？

电气设备预防性试验管理部分

14. BC01 电气预防性试验前被试设备应做好哪些准备？
15. BC01 为了有效保证安全、正确地完成试验任务，电气试验人员工作时应当做好哪几个方面？
16. BC02 被试设备完工验收内容有哪些？
17. BC03 介质损失角正切值试验的影响因素有哪些？

18. BC03 简述交流耐压试验的影响因素？

防雷防静电管理部分

19. BD02 简述 SPD 检测应注意的内容？

中级资质理论认证试题答案

一、单项选择题答案

1. A   2. B   3. D   4. D   5. D   6. D   7. B   8. A   9. C   10. A
11. D   12. C   13. A   14. D   15. A   16. D   17. A   18. C   19. C   20. A
21. B   22. C   23. C   24. D   25. C   26. B   27. A   28. D   29. A   30. B
31. C   32. A   33. A   34. B   35. C   36. D   37. D   38. D   39. B   40. D
41. B   42. A   43. C   44. B   45. C   46. B   47. D   48. D   49. D   50. C
51. A   52. C   53. C   54. A   55. C   56. A   57. C   58. A   59. C   60. A
61. A   62. D   63. A   64. D   65. B   66. D

二、判断题答案

1. √   2. √   3. √   4. √   5. ×等电位连接带是将金属装置、外来导电物、电力线路、电信线路及其他线路连于其上以能与防雷装置做等电位连接的金属带。   6. √   7. √   8. ×体积电阻率是液体介质在单位体积内电阻的大小。   9. ×电导率是物质传送电流的能力，是电阻率的倒数，也叫比电阻。   10. √

11. √   12. √   13. √   14. √   15. ×值班人员不得进行与工作无关的其他活动。除进行倒闸操作、巡视设备、设备维护工作外，值班人员不得离开控制室。   16. √   17. ×交接班时，由交班值日长按交接班内容向接班人员交待情况，指定值班员负责监盘，带领交接班人员对主要设备和地点进行现场检查。   18. ×值班人员应按规定认真巡视检查设备，提高巡视质量，对发现的异常和缺陷，应及时向上级汇报，杜绝事故发生。   19. √   20. √

21. √   22. √   23. √   24. √   25. ×电气预防性试验应先进行非破坏性试验，再进行破坏性试验。   26. √   27. ×电压互感器的一次熔断器熔丝熔断时，电压互感器应退出运行。   28. ×六氟化硫断路器气室发出操作闭锁信号时应断路器应立即停运。   29. √   30. √

31. √   32. √   33. ×开断短路电流后的六氟化硫（SF_6）断路器，应立即进行小修。
34. √   35. ×开断短断电流达 10 次的六氟化硫（SF_6）断路器，应进行大修。   36. √   37. √
38. √   39. √   40. ×对严重受潮的电动机、变压器，都要经干燥处理后再进行试验。
41. ×应按规程要求定期对计量器具进行计量检定，对一般仪器设备进行校验。   42. √
43. ×被试设备验收是在整组验收之前进行。   44. ×试验时要有专人在后台机配合进行远方操作。   45. ×生产科技人员、试验班人员、输油（气）站运行人员到设备操作柱现场进行操作。   46. √   47. √   48. √   49. ×表面的污染、受潮使绝缘物的表面电阻率下降，从而使绝缘电阻也下降。   50. √

51. √   52. √   53. √   54. √   55. √

三、简答题答案

1. AA02 配电系统按接地方式的不同分为哪三类?

答:①TT 方式是指将电气设备的金属外壳直接接地的保护系统,称为保护接地系统,也称 TT 系统;②TN 方式供电系统是将电气设备的金属外壳与工作零线相接的保护系统,称作接零保护系统,用 TN 表示;③IT 方式供电系统,其中第一个字母 I 表示电源侧没有工作接地,或经过高阻抗接地;第二个字母 T 表示负载侧电气设备进行接地保护。

评分标准:答对①②各占 30%,答对③占 40%。

2. AA03 爆炸危险场所根据爆炸性气体混合物出现的频率、持续时间如何分区?

答:分为三个区:①0 区,即爆炸性气体混合物连续出现或长期存在的场所(如密闭的容器或储油罐内部气体空间)。②1 区,即在正常运行中可能产生爆炸性气体混合物的场所。③2 区,即在正常运行中不可能产生爆炸性气体混合物,即使产生也只能短时间存在的场所。

评分标准:答对①②各占 30%,答对③占 40%。

3. AB01 简述变电所记录要求?

答:①变电所应具备各类完整的记录。各种记录至少保存一年,重要记录应长期保存。②各种记录要求用钢笔或碳素笔按格式填写,提倡使用仿宋字,做到字迹工整、清晰、准确、无遗漏。③使用微机运行管理系统的变电所,数据库中记录应定期检查并备份。

评分标准:答对①②各占 30%,答对③占 40%。

4. AB02 简述倒闸操作后的检查确认?

答:①操作完毕应做一次全面检查核对,远方操作的设备也应到现场检查;②确认无误后,应在最后一张操作票上填入终了时间,在最后一步下方加盖"已执行"章;③汇报有关人员。

评分标准:答对①②各占 40%,答对③占 20%。

5. AB03 电气设备缺陷分哪几类?

答:共分为三类:①危急——设备和建筑物发生了直接威胁安全生产,需要紧急进行处理的缺陷;②严重——设备发生问题,程度较重,还可以暂时运行的缺陷;③一般——设备问题较轻,对安全运行影响不大的缺陷。

评分标准:答对①~③各占 30%,回答"分三类"占 10%。

6. AB03 备品备件管理的要求有哪些?

答:①变电所主要设备应有必要的备品备件,以保证设备维检修的需要。可根据生产运行消耗情况和设备厂家的相关要求确定配备数量;②变电所综合自动化保护系统的综合保护装置应配备备件,以便于故障损坏时,及时恢复生产;③对于生产加工难度大、采购周期长、对供电运行影响较大的备件,应纳入储备类备品备件管理,要及时制订配件计划,组织进货和存储;④对于易耗品类的备件也要随时补充,对可修复重新使用的配件,可以修复后作为备件使用。

评分标准:答对①~④各占 25%。

7. AC01 按照测量的信息分电气预防性试验分为哪几部分？

答：①电气法，是指测量各种电信息的方法。如测量泄漏电流、介质损耗因数 $\tan\delta$ 等。②非电气法，是指测量各种非电信息的方法。如油中溶解气体色谱分析和油中含水量测定等。

评分标准：答对①②各占50%。

8. BB01 简述变压器过负荷信号动作的故障处理？

答：①解除报警；②检查电流表、功率表是否过负荷；③检查变压器温度，运行正常，接线端子过热烧红情况；④检查变压器的冷却装置运行情况；⑤及时汇报输油（气）调度减负荷，加强对变压器的巡视，注意电流、功率、声音、温度、油位、接线端子或电缆等变化情况，并做好记录。

评分标准：答对①~⑤各占20%。

9. BB01 简述开关设备的电磁机构拒绝跳闸可能的原因？

答：①控制电源电压低；②跳闸铁芯行程不足或卡死；③跳闸线圈内部有层间短路或断线；④脱扣机构调整不当；⑤辅助接点调整不当。

评分标准：答对①~⑤各占20%。

10. BB01 简述开关设备的电磁机构误跳闸可能的原因？

答：①合闸脉冲太短；②合闸机构调整不当；③二次回路有混线使合闸的同时分闸回路有电；④有两点接地现象或分闸回路绝缘损坏有分闸通路；⑤继电器接点因振动闭合。

评分标准：答对①~⑤各占20%。

11. BB03 简述软启动器的检修内容？

答：①检查接触器接点、电缆接头有无过热或放电痕迹。②使用2500V兆欧表测量软启动器输入输出电缆的绝缘电阻，测量前应打开电缆与软启动器的连接头，可连同电动机测试，绝缘电阻应大于10MΩ。测试完毕后应对被测电缆进行放电。③使用吹扫设备对柜内元器件进行清扫。④检查柜内保险、连接插件、端子接线和接地线，应接触良好、牢固可靠。

评分标准：答对①②各占30%，答对③④各占20%。

12. BB04 简述变压器的试运行？

答：①检修后的变压器初送电时，应在无载情况下进行全电压冲击合闸，受电持续时间应不少于10min，经检查受电无异常后，每隔5min进行冲击一次，连续进行3次；②冲击合闸无问题后，转入空载试运；③空载试运24h无异常时，转入带载试运；④带载试运满48h，经全面检查无问题后，移交生产单位使用；⑤在试运期间，应将重瓦斯保护功能屏蔽，并注意观察气体继电器中气体集聚情况，随时放出气体，待油中气体全部逸出，气体继电器不动作时，将重瓦斯保护功能开放。

评分标准：答对①⑤各占35%，答对②~④各占10%。

13. BB04 简述变频装置的空载试运行？

答：①检查并拆开机泵联轴器；②确认变频变压器、变频装置、调速电动机无运行障碍；③投上辅助回路电源，检查变频装置控制面板及相关指示灯正常；④从变频器上就地启动变频装置驱动调速电动机空载运行，确认系统升速、降速过程运行正常；⑤检查确认变频调速驱动系统相关设备运行正常并作好记录；⑥确认系统空载运行正常后停运变频装置。

评分标准：答对①②⑤⑥各占15%，答对③④各占20%。

14. BC01 电气预防性试验前被试设备应做好哪些准备？

答：①输油（气）站电气管理人员应对站内电气设备进行摸底检查，掌握设备试验前存在的缺陷和问题，根据摸底检查情况制订试验、检修初步计划，确定需要采购的材料和备品备件；②上报预防性试验所需材料清单，并通过审核；③准备好被试设备制造厂的产品技术条件、出厂检验报告、说明书及历年检测试验报告，以便查找资料、对比分析试验数据；④联系各方（输油调度、电力调度等）确定好具体的工作内容和范围、工作人员数量、停电时间以及需要停电的带电设备。

评分标准：答对①～④各占25%。

15. BC01 为了有效保证安全、正确地完成试验任务，电气试验人员工作时应当做好哪几个方面？

答：①试验前要进行周密的准备工作，根据设备及试验项目，准备齐全完好的试验设备仪器、仪表、工器具等，不要漏带仪器、设备及器具。②安全合理布置试验场地，做好安全措施，与带电部分保持足够安全距离。测量、控制及操作装置应在就近处放置，以便于操作及读数。③必须正确无误地接线、操作。④记录人员详细记录被试设备编号、试验项目、测量数据、使用仪器编号以及试验时温度、日期、试验人员等，最后整理好试验报告。⑤对于测试反映出的设备缺陷应及时向负责人及领导反映，并填写有关记录。

评分标准：答对①～⑤各占20%。

16. BC02 被试设备完工验收内容有哪些？

答：被试设备验收是指被试设备试验结束后，生产科、试验班、输油（气）站三方共同对试验检修设备进行的验收。其主要内容包括：①检查被试设备是否有遗留物。检查变压器台、电机接线盒、开关柜内、手车开关上、各接线柱、电容器室等工作地点和设备上是否有遗留的试验临时接线、擦布、工具、零部件等物品。②检查接线相序是否正确：检查各电缆、接头接线相序是否正确，A相、B相、C相三相相色是否正确完好。③检查接触是否紧固。用手试探各电缆、接线头、端子、接地线的螺栓是否紧固，接触面是否完全接触牢靠。④检查设备状态是否恢复。对照《设备状态控制表》检查试验后的各设备是否还原为原来位置、开关状态是否与试验之前一致，检查保护定值、压板投切、转换开关等状态是否恢复。⑤检查设备是否清洁。检查试验区域内的端子箱、开关柜、变压器台、绝缘子、绝缘瓷套是否清洁无污，检查工作现场是否整理干净。

评分标准：答对①～⑤各占20%。

17. BC03 介质损失角正切值试验的影响因素有哪些？

答：①温度的影响。$\tan\delta$值受温度影响而变化，为了比较试验结果，对同一设备在不同温度下的变化必须将结果归算到一个公共的基准温度，一般归算到20℃。②湿度的影响。在不同的湿度下测得的值也是有差别的，应在空气相对湿度小于80%下进行试验。③绝缘的清洁度和表面泄漏电流的影响。这可以用清洁和干燥外表面来将损失减到最小，也可采用涂硅油等办法来消除这种影响。

评分标准：答对①②各占30%，答对③占40%。

18. BC03 简述交流耐压试验的影响因素？

答：①必须在被试设备的非破坏性试验都合格后才能进行此项试验，如果有缺陷（例如受潮），应排除缺陷后进行。②被试设备的绝缘表面应擦干净，对多油设备应使油静止一定的时间。如变压器应静止 5~6h。③应控制升压速度，在 1/3 试验电压以前可以快一些，其后应以每秒钟 3% 的试验电压连续升到试验电压值。④试验前后应比较绝缘电阻、吸收比，不应有明显的变化。⑤应排除湿度、温度、表面脏污等影响。

评分标准：答对①~⑤各占 20%。

19. BD02 SPD 检测应注意的内容？

答：①检查电源 SPD 配置应符合要求；②检查电源 SPD 的保护模式应符合要求，特别是 TT 供电系统应采用 3+1 模式的保护器；③检查 SPD 的接地线线径以及长度应符合要求，检查 SPD 接地线应连接可靠；④如果 SPD 有指示灯，检查器指示灯应指示正常；⑤对于变送器内部的 SPD，检查其接地线应连接可靠。如果 SPD 有指示灯，检查其指示灯应正常。

评分标准：答对①~⑤各占 20%。

中级资质工作任务认证

中级资质工作任务认证要素细目表

模块	代码	工作任务	认证要点	认证形式
二、电气设备运行与维护检修管理	S-DQ-02-Z01	电气设备运行、操作及故障处理	备品备件管理	步骤描述
	S-DQ-02-Z02	电气设备检修计划的制定	电气设备检修工作方案编制	步骤描述
	S-DQ-02-Z03	电气设备的检修	组织电气设备检修工作	步骤描述
	S-DQ-02-Z04	电气设备检修后的试运和投用	参加设备投运异常处理	步骤描述
三、电气设备预防性试验管理	S-DQ-03-Z01	电气设备预防性试验的准备工作与安排	编制电气设备预防性试验检修方案	步骤描述
	S-DQ-03-Z02	电气设备预防性试验	电气设备预防性试验的验收	步骤描述
	S-DQ-03-Z03	电气设备预防性试验结果分析评价	电气设备预防性试验数据分析	步骤描述
	S-DQ-03-Z04	电气设备预防性试验材料归档	电气预防性试验总结编制	步骤描述
四、防雷防静电管理	S-DQ-04-Z01	防雷防静电装置检测	防雷防静电测试监督	步骤描述
	S-DQ-04-Z02	雷击事件分析处理	参加雷击事件分析处理	步骤描述

中级资质工作任务认证试题

一、S-DQ-02-Z01 电气设备运行、操作及故障处理——备品备件管理

1. 考核时间：30min。
2. 考核方式：步骤描述。
3. 考核评分表。

考生姓名：_____　　　　　　　　　　　　　　　单位：_____

序号	工作步骤	工作标准	配分	评分标准	扣分	得分	考核结果
1	建立备品备件台账	建立备品备件台账并实时更新	20	无备品备件台账扣20分；台账未及时更新扣10分			
		备品备件账、卡、物应一致	10	备品备件账、卡、物不一致每处扣1分，扣完为止			
		及时了解和掌握本单位备品备件储备情况	10	对本单位备品备件储备情况不了解扣10分			

续表

序号	工作步骤	工作标准	配分	评分标准	扣分	得分	考核结果
2	备品备件使用	①对使用的备品备件在REP系统上进行出入库管理；②及时补充已使用的备品备件	30	①对使用的备品备件未在ERP系统上进行出入库管理扣15分；②未及时补充已使用的备品备件每漏一项扣1分，扣完为止			
3	备品备件优化	①根据使用情况对备品备件储备种类、数量提出优化方案；②对生产加工难度大、采购周期长、对供电运行影响较大的备件，及时制订配件计划，组织进货和存储	30	①未根据使用情况对备品备件储备种类、数量提出优化方案扣15分；②对生产加工难度大、采购周期长、对供电运行影响较大的备件，未及时制订配件计划，组织进货和存储扣15分			
		合计	100				

考评员　　　　　　　　　　　　　　　　　　　　　　　　　年　月　日

二、S-DQ-02-Z02 电气设备检修计划的制定——电气设备检修工作方案编制

1. 考核时间：30min。
2. 考核方式：步骤描述。
3. 考核评分表。

考生姓名：_____　　　　　　　　　　　　　　　　单位：_____

序号	工作步骤	工作标准	配分	评分标准	扣分	得分	考核结果
1	根据收集的设备检修信息，明确检修主要目的	①概要描述设备本周期的运行情况；②分析设备存在的主要缺陷；③对本次检修的基本目的和要求进行简要说明	30	①②③每条各10分			
2	列出编制依据	列出编制本方案所依据的相关标准、规范等技术文件	10	未能够找到编制方案的标准、规范扣10分			
3	编写检修方案具体内容	检修项目的具体工作内容	20	不明确检修项目的工作内容扣10分			
4	确定主要工程量	根据工作内容确定具体工程量	10	不能确定工程量的扣10分			

续表

序号	工作步骤	工作标准	配分	评分标准	扣分	得分	考核结果
5	投资概算	根据工程量估算所需投资	10	未能做出投资概算的扣10分			
6	检修进度	确定项目总体和各项工作的计划开工日期和计划完工日期	10	未做检修进度计划的扣10分			
7	列写安全措施和应急处置程序	工作方案编制包括安全措施与应急处置程序	10	方案中不安全措施和应急处置程序扣10分			
		合计	100				

考评员　　　　　　　　　　　　　　　　　　　　　　　　　　　年　月　日

三、S-DQ-02-Z03 电气设备的检修——组织电气设备检修工作

1. 考核时间：30min。
2. 考核方式：步骤描述。
3. 考核评分表。

考生姓名：_____　　　　　　　　　　单位：_____

序号	工作步骤	工作标准	配分	评分标准	扣分	得分	考核结果
1	确定检修的组织机构	按照检修方案要求组织检修人员，包括：检修负责人、检修安全负责人、检修人员，明确岗位职责	10	未确定组织机构扣10分			
2	检修准备工作	①组织技术交底会；②认真核对所有设备与设计图纸是否一致；③认真检查所需工具及材料是否齐全；④对所检修的设备进行检查；⑤做好现场检修前期准备工作	50	未完成检修准备的每缺一项扣10分			
3	落实检修安全措施	①检查确认安全措施齐全完备，做好技术措施和组织措施；②检修过程中认真执行安规要求，做好监护工作	20	未落实检修安全措施的扣20分			
4	检修实施	按检修计划，实施检修工作	10	未按计划实施的扣10分			
5	检修效果确认	检修后对检修效果进行确认，保证检修目标已实现	10	未对检修效果进行确认扣10分			
		合计	100				

考评员　　　　　　　　　　　　　　　　　　　　　　　　　　　年　月　日

四、S-DQ-02-Z04 电气设备检修后的试运和投用——参加设备投运异常处理

1. 考核时限 30min。
2. 考核内容：步骤描述。
3. 技能项目评分表。

考生姓名：＿＿＿＿＿＿＿＿　　　　　　　　　　　　单位：＿＿＿＿＿＿＿

序号	工作步骤	工作标准	配分	评分标准	扣分	得分	考核结果
1	记录设备投运异常现象	对设备投运过程中出现的异常现象进行记录	20	未记录异常现象扣20分			
2	查故障信息	通过变电所综合自动化监控系统查询保护动作信息、故障录波信息、电压电流变化趋势图	40	未查询故障信息扣40分			
3	参加异常处理	根据故障现象和故障信息的分析判断情况，参加对异常现象的处理	40	不能按要求参加异常处理扣40分			
		合计	100				

考评员　　　　　　　　　　　　　　　　　　　　　年　　月　　日

五、S-DQ-03-Z01 电气设备预防性试验的准备工作与安排——编制电气设备预防性试验检修方案

1. 考核时限：30min。
2. 考核内容：步骤描述。
3. 技能项目评分表。

考生姓名：＿＿＿＿＿＿＿＿　　　　　　　　　　　　单位：＿＿＿＿＿＿＿

序号	工作步骤	工作标准	配分	评分标准	扣分	得分	考核结果
1	描述检修项目概况	①概要描述设备本周期的运行情况；②分析设备存在的主要缺陷；③对本次检修的基本目的和要求进行简要说明	30	①②③每条各10分			
2	列出编制依据	列出编制本方案所依据的相关标准、规范等技术文件	10	未能够找到编制方案的标准、规范扣10分			
3	编写检修方案具体内容	检修项目的具体工作内容	20	不明确检修项目的工作内容扣10分			
4	确定主要工程量	根据工作内容确定具体工程量	10	不能确定工程量的扣10分			

续表

序号	工作步骤	工作标准	配分	评分标准	扣分	得分	考核结果
5	投资概算	根据工程量估算所需投资	10	未能做出投资概算的扣10分			
6	检修进度	确定项目总体和各项工作的计划开工日期和计划完工日期	10	未做检修进度计划的扣10分			
7	效益评估	检修工作完成后的效益	10	未做评估效益的扣10分			
		合计	100				

考评员　　　　　　　　　　　　　　　　　　　　　　　　　　年　月　日

六、S-DQ-03-Z02 电气设备预防性试验——电气设备预防性试验的验收

1. 考核时限：30min。
2. 考核内容：步骤描述。
3. 技能项目评分表。

考生姓名：_____　　　　　　　　　　　　　　单位：_____

序号	工作步骤	工作标准	配分	评分标准	扣分	得分	考核结果
1	安全措施检查	①检查确认接地线拆除；②检查确认接地刀闸断开；③检查确认标志牌拆除；④检查确认警戒线拆除	10	未检查确认，每项扣2.5分			
		填写作业安全分析跟踪评价表	10	未跟踪评价试验班人员安全分析表执行情况扣10分			
2	参加设备验收	按照《电气预防性试验检修过程控制表》的要求在每项试验结束后参与三方验收	30	未在每台设备试验完成后验收扣30分			
3	参加整组验收	按照《电气预防性试验检修过程控制表》的要求在每项试验结束后参与三方验收	30	未参加三方验收扣30分			
4	审核工作票	工作票终结后对工作票进行审核	20	未审核工作票扣20分			
		合计	100				

考评员　　　　　　　　　　　　　　　　　　　　　　　　　　年　月　日

七、S-DQ-03-Z03 电气设备预防性试验结果分析评价——电气设备预防性试验数据分析

1. 考核时限：30min。
2. 考核内容：步骤描述。

3. 技能项目评分表。

考生姓名：_____　　　　　　　　　　　　单位：_____

序号	工作步骤	工作标准	配分	评分标准	扣分	得分	考核结果
1	对试验数据进行审核	①试验报告与设计图纸核对；②试验报告与试验记录核对	20	①②每项各10分			
2	对试验数据进行比较	①试验数据（或结论）与试验标准进行比较；②被试品数据与同类（或同批）产品参数横向比较；③被试品本次数据与其历史数据纵向比较；④通过各方面的核对、比较，找出奇点、疑点、查问、分析清楚，必要时还需组织重测	40	①~④每项各10分			
3	对从试验数据发现的问题进行分析判断	①对从试验数据发现的问题进行记录、分析；②对异常试验数据进行重点关注并分析原因，判断是否需要立即处理	20	①②每项各10分			
4	对发现的问题进行处理	①对发现的问题进行记录并上报；②自行或配合分公司对发现问题进行处理	20	①对发现问题未进行记录上报扣10分；②对发现问题未及时进行处理扣20分			
		合计	100				

考评员　　　　　　　　　　　　　　　　　　　　　　　　　年　　月　　日

八、S-DQ-03-Z04 电气设备预防性试验材料归档——电气预防性试验总结编制

1. 考核时限：30min。
2. 考核内容：步骤描述。
3. 技能项目评分表。

考生姓名：_____　　　　　　　　　　　　单位：_____

序号	工作步骤	工作标准	配分	评分标准	扣分	得分	考核结果
1	与试验相关的资料收集	①试验方案资料收集；②试验过程记录资料收集；③试验数据数据资料收集；④实验过程中发现问题资料收集；⑤试验影像资料收集	50	①~⑤每项各10分			
2	预防性试验总结的编制	①根据所收集的资料编制试验总结；②总结内容详实全面、真实；③试验总结符合模板要求	50	①项30分；②③每项各10分			
		合计	100				

考评员　　　　　　　　　　　　　　　　　　　　　　　　　年　　月　　日

九、S-DQ-04-Z01 防雷防静电装置检测——防雷防静电测试监督

1. 考核时限：30min。
2. 考核内容：步骤描述。
3. 技能项目评分表。

考生姓名：_____   单位：_____

序号	工作步骤	工作标准	配分	评分标准	扣分	得分	考核结果
1	确认防雷防静电测试队伍资质	①防雷接地测试应由具备相关资质单位组织进行；②测试人员持证上岗，并在有效期内	20	①测试队伍不符合资质要求扣15分；②测试人员未持证上岗或不在有效期内，扣5分			
2	测试过程监督	①测试方法是否正确；②测试内容是否有缺失；③测试合格点是否恢复正常	50	①测试方法不正确，扣30分；②测试内容有缺失，扣10分；③测试合格点未恢复正常，扣10分			
3	发现问题处理	①检查发现不合格问题，应及时处理；②重新检测合格、记录，并投入使用	30	①未及时处理不合格扣10分；②未做重新检测合格、记录，扣20分			
		合计	100				

考评员   年   月   日

十、S-DQ-04-Z02 雷击事件分析处理——参加雷击事件分析处理

1. 考核时限：30min。
2. 考核内容：步骤描述。
3. 技能项目评分表。

考生姓名：_____   单位：_____

序号	工作步骤	工作标准	配分	评分标准	扣分	得分	考核结果
1	分析已收集的雷击事件材料	①将收集到的材料进行核实确认；②对雷击原因进行初步分析判断	20	①未对收集的材料进行核实确认扣10分；②未对雷击原因进行分析扣10分			
2	雷击事件分析	①对防雷系统现有的配置情况和防雷器件损失破坏情况进行分析，判断雷击原因；②对接地电阻测试情况进行确认，确认防雷接地系统是否良好	50	对防雷系统配置原因未分析扣25分；对接地电阻测试情况未确认扣25分			

续表

序号	工作步骤	工作标准	配分	评分标准	扣分	得分	考核结果
3	雷击事件处理	根据分析出的雷击原因，补充完善防雷措施如增加 SPD 或补充接地装置，整改接地系统存在的问题	30	未根据分析原因采取措施扣 30 分，采取措施针对性不强扣 10 分			
		合计	100				

考评员　　　　　　　　　　　　　　　　　　　　　　年　　月　　日

高级资质理论认证

高级资质理论认证要素细目表

行为领域	代码	认证范围	编号	认证要点
基础知识 A	A	基本概念和一般要求	01	一般要求
	B	变电所管理	01	运行管理
			02	安全管理
			03	设备管理
			04	事故处理
专业知识 B	B	电气设备运行与维护检修管理	01	电气设备运行、操作及故障处理
			02	电气设备的检修
			03	电气设备检修后的试运和投用
	C	电气设备预防性试验管理	01	电气设备预防性试验
			02	电气设备预防性试验数据分析及评价
	D	防雷防静电管理	01	防雷防静电装置维护、检测要求

高级资质理论认证试题

一、单项选择题(每题 4 个选项,将正确的选项号填入括号内)。

第一部分 基础知识

基本概念与一般要求部分

1. AA01 用隔离开关可以操作的(6~10kV)电力电缆( )。
    A. 截面积为 $3\times35mm^2$:2.0km 及以下
    B. 截面积为 $3\times70mm^2$:1.5km 及以下
    C. 截面积为 $3\times120mm^2$:1.0km 及以下
    D. 截面积为 $3\times180mm^2$:1.0km 及以下

2. AA01 接地当采用搭接焊连接时,其搭接长度必须是扁钢宽度的 2 倍或圆钢直径的( )倍。
    A. 2 B. 3 C. 4 D. 6

变电所管理部分

3. AB01 变电所内进行作业，应进行（　　），制订相应的事故预案。
   A. 作业前安全分析　　　　　　B. 作业分析
   C. 安全分析　　　　　　　　　D. 风险分析

4. AB01 当设备出现异常情况时，应（　　）遥控、遥调操作。
   A. 采用　　　B. 优先采用　　　C. 可选择　　　D. 禁止

5. AB01 后台机操作应一人操作一人监护（　　），操作后应检查指示信号正确，再进行下一步操作，全部操作完成后现场巡视，核对确认信号、位置正确。
   A. 分别输入密码　　　　　　　B. 输入统一密码
   C. 不用输入密码　　　　　　　D. 输入一人的密码

6. AB02 室内装有 SF_6 设备的变电所，电气工作人员进行巡视、维修、充气等项工作时，应提前通风（　　）。
   A. 5min　　　B. 10min　　　C. 15min　　　D. 30min

7. AB03 加强电容器组的维护与管理，按照（　　）的规定值投、切电容器组，并做好记录。
   A. 功率因数　　B. 电压　　　C. 电流　　　D. 功率

8. AB04 根据表计指示、（　　）动作情况，对设备检查的结果，迅速正确地判断事故的全面情况，并做好记录。
   A. 继电保护　　B. 变压器　　　C. 断路器　　　D. 熔断器

9. AB04 迅速进行必要的检查和试验，判明事故的地点、范围和性质，（　　），恢复其他设备的正常运行，保证输油(气)生产。
   A. 在消除报警后　　　　　　　B. 在排除故障设备后
   C. 在报警解除后　　　　　　　D. 在故障分析后

10. AB04 以下哪项不属于终止累计安全运行天数的电气事故（　　）。
    A. 发生越级跳闸，造成电力系统事故
    B. 发生人身重伤、死亡事故
    C. 由于误操作造成全所停电，影响生产造成较大经济损失
    D. 后台机出现报警信息

第 二 部 分　专 业 知 识

电气设备运行与维护检修管理部分

11. BB01 发生下列（　　）现象应停止无功补偿装置运行。
    A. 电容器膨胀 3mm　　　　　B. 三相电流不平衡达到平均值的 2%
    C. 微渗油　　　　　　　　　D. 接线端子熔断，形成两相运行

12. BB02 油浸式电力变压器的小修周期是（　　）。
    A. 1年1次　　B. 2年1次　　C. 3年1次　　D. 5年1次

13. BB02 油浸式电力变压器的小修项目不包括（　　）。

A. 放出储油柜积污器中的污油　　　　　　B. 铁心紧固件的检修
C. 检修测温装置　　　　　　　　　　　　D. 检查接地系统

14. BB02 发生如下哪一情况，油浸式电力变压器不必提前进行大修(　　)。
A. 承受过出口短路的主变压器　　　　　　B. 经试验判明内部有故障时
C. 新投入的变压器运行五年后　　　　　　D. 承受过事故过负荷运行的变压器

15. BB02 干式变压器的小修项目不包括(　　)。
A. 除去绝缘表面的积尘　　　　　　　　　B. 用扭矩扳手重新紧固一遍电气连接
C. 修复线圈　　　　　　　　　　　　　　D. 除尘

16. BB02 用压缩空气给干式变压器除尘时气压不应超过(　　)。
A. 0.2MPa　　　　B. 2MPa　　　　C. 0.5MPa　　　　D. 5MPa

17. BB02 用兆欧表测量6kV电机的绝缘电阻时，其阻值不应低于(　　)(20℃)。
A. 0.5MΩ　　　　B. 3MΩ　　　　C. 5MΩ　　　　D. 6MΩ

18. BB02 电动机的小修项目不包括(　　)。
A. 检查联轴器是否校准　　　　　　　　　B. 测量定子绕组的直流电阻
C. 检查接地装置　　　　　　　　　　　　D. 检查绕线式转子的滑环表面有无磨损

19. BB02 测量定子绕组的直流电阻，与出厂值进行比较不应有明显变化，相间直流电阻值间的差别不能超过(　　)。
A. 1%　　　　B. 2%　　　　C. 3%　　　　D. 4%

20. BB02 检查绕组温度计运行情况，用500V兆欧表测量其绝缘电阻值应大于(　　)(20℃)。
A. 0.1MΩ　　　　B. 0.2MΩ　　　　C. 0.3MΩ　　　　D. 0.5MΩ

21. BB02 同时用500V兆欧表测量防冷凝加热器的绝缘电阻值应大于(　　)(20℃)。
A. 0.5MΩ　　　　B. 1MΩ　　　　C. 2MΩ　　　　D. 5MΩ

22. BB02 电力电容器膨胀值不得超过(　　)。
A. 10mm　　　　B. 15mm　　　　C. 25mm　　　　D. 20mm

23. BB02 单机补偿装置的检修时，如三相电容值差值较大，应进一步检查单台电容器的电容值，与该电容器铭牌中的数据相对照，如差值超过(　　)应更换。
A. 1%　　　　B. 2%　　　　C. 5%　　　　D. 10%

24. BB02 二次交流回路内每一个电气连接回路绝缘电阻不得小于(　　)。
A. 0.1MΩ　　　　B. 0.2MΩ　　　　C. 0.5MΩ　　　　D. 1MΩ

25. BB01 蓄电池在充电过程中如温度超过(　　)，必须采取措施或停止充电，或转换成浮充状态，以便令温度降下来。
A. 45℃　　　　B. 55℃　　　　C. 65℃　　　　D. 75℃

26. BB02 蓄电池浮充状态容量低于额定容量的(　　)时，应增大浮充电流或进行活化和均衡充电。
A. 45%　　　　B. 50%　　　　C. 55%　　　　D. 60%

27. BB02 UPS不间断电源的检修周期为(　　)。
A. 1年2次　　　　B. 1年1次　　　　C. 2年1次　　　　D. 3年1次

28. BB03 检修后的变压器初送电时，应在无载情况下进行全电压冲击合闸，受电持续时间应不少于( )。

  A. 2min   B. 4min   C. 5min   D. 10min

29. BB03 变压器大修后应空载试运行( )无异常后转入带载试运行。

  A. 3h   B. 6h   C. 12h   D. 24h

30. BB03 变压器大修后应带载试运行满( )，经全面检查无问题后，移交生产单位使用。

  A. 12h   B. 24h   C. 36h   D. 48h

31. BB03 变压器试运期间，应将( )屏蔽，并注意观察气体继电器中气体集聚情况，随时放出气体，待油中气体全部逸出，气体继电器不动作时，将重气体保护功能开放。

  A. 重气体保护功能   B. 差动保护

  C. 轻气体保护功能   D. 过负荷保护

32. BB03 电动机检修后应空载试运( )无异常后，停下电动机，安装联轴器，重新将电动机投入，准备带载试运。

  A. 0.5h   B. 1h   C. 1.5h   D. 2h

电气设备预防性试验管理部分

33. BC01 操作人接受电调令后填写倒闸操作票，并经监护人审核，操作前双方在模拟图板上进行( )，无误后，再进行设备操作。操作人在接受电调令时应复诵命令，并记录，接令全过程都应录音。

  A. 核对确认   B. 操作   C. 检查确认   D. 核对性模拟演练

34. BC01 倒闸操作必须由两人执行，其中一人对设备较为熟悉者( )。操作前应核对设备名称、编号和位置，操作中应认真执行监护复诵制。

  A. 复诵   B. 操作   C. 检查确认   D. 作监护

35. BC01 工作开始前，工作负责人宣读工作票，向工作班成员交代注意事项。其中重点监督内容为是否详细交代工作范围(区域)、( )、风险。

  A. 高压区域   B. 设备区域   C. 休息区域   D. 带电区域

36. BC02 当温度升高时，绝缘的电导增大而使绝缘电阻( )。

  A. 突变   B. 升高   C. 不变   D. 降低

37. BC02( )的存在使被测数值会出现虚假现象(增大或减小)，所以在测试前应对被试设备进行充分的放电。

  A. 残余电压   B. 剩余电荷   C. 泄漏电流   D. 测试误差

38. BC02 应将测得的值和同一设备过去的数据(包括出厂数据)；各相之间的数据；同类设备的数据进行比较。由于影响绝缘电阻的因素太多，在国内外都强调将( )作为分析判断的有力的措施。

  A. 比较   B. 计算   C. 经验   D. 统计

39. BC02 直流耐压试验时微安表指示突然增高或电压表指示明显下降时说明被试品发生( )。

  A. 放电   B. 击穿   C. 接地   D. 间隙性放电

防雷防静电管理部分

40. BD01 地网腐蚀程度年限与土壤构成有关,有限期一般为 10~20 年。是否对其修补或改造,只能通过对接地电阻测量值得比较及对接地体抽样检查决定,地网抽样检查周期不超过( )年。
    A. 3　　　　　　　B. 5　　　　　　　C. 8　　　　　　　D. 10

二、判断题(对的画"√",错的画"×")。

第一部分　基础知识

基本概念与一般要求部分

(　　) 1. AA01 用隔离开关不可以拉、合电压互感器和避雷器。

(　　) 2. AA01 油气管道内具有良好通风的压缩机厂房、输油泵房(棚)、工艺设备区、阀室等为气体爆炸危险场所 2 区、有爆炸危险的露天钢质封闭气罐、预计雷击次数大于 0.25 次/a 的建筑物为第一类防雷建筑物。

(　　) 3. AA01 站场控制室、机柜间应设在建筑物的边缘。

变电所管理部分

(　　) 4. AB01 变电所应根据上级反事故技术措施和安全性评价提出的整改意见的具体要求,定期对本所设备的落实情况进行检查,督促落实。

(　　) 5. AB01 应定期核对微机继电保护装置的各相交流电流、电压、零序电流、差电流、外部开关量变位和时钟,并做好记录,核对周期不应超过 3 年。电流、外部开关量变位和时钟,并做好记录,核对周期不应超过 1 年。

(　　) 6. AB01 综合自动化保护系统应有 GPS 校时。

(　　) 7. AB01 微机继电保护装置的模块或插件出现异常时,应用备品备件更换,更换后可不进行检验。

(　　) 8. AB01 严禁在后台机上运行非本系统的软件。

(　　) 9. AB01 远方值班员可由输油气运行值班员兼任,也可以单独配备。

(　　) 10. AB01 若调度自动化装置运行异常并且短期内不能恢复时,变电所应也不能恢复有人值班。

(　　) 11. AB01 发现站内信号出现异常时,应迅速到现场进行检查,并通知维检修人员处理。

(　　) 12. AB02 设备室或设备区不得存放易燃、易爆物品。特殊需要时,应加强管理。

(　　) 13. AB02 变电所内备用 SF_6 气体应妥善保管,特别对使用过的 SF_6 气体应按规定处理。

(　　) 14. AB02 施工人员也应遵守变电所安全管理规定,应履行工作票手续,在作业中不准擅自变更安全措施。可以动用工作票所列范围以外的电气设备。

(　　) 15. AB02 电气闭锁装置不需要相关图纸。

第二部分 专业知识

电气设备运行与维护检修管理部分

（　　）16. BB01 如瓦斯继电器信号因油内剩余空气析出而动作，应及时放出瓦斯继电器内积聚的空气，变压器可继续运行，但应注意下次信号动作的时间。

（　　）17. BB01 发生母线接地故障检查寻找故障点时，寻查人员必须穿戴绝缘鞋后方可进入接地区域，同时，必须防止跨步电压对人身安全的威胁。

（　　）18. BB02 承受过正常过负荷和事故过负荷运行的变压器，可不进行大修。

（　　）19. BB02 承受过出口短路的主变压器，应视情况提前进行大修。

（　　）20. BB02 新投入主变压器在投入运行5年后应立即进行大修。

（　　）21. BB02 变频调速电动机检修的同时还要对电动机轴进行轴绝缘的检测。

（　　）22. BB02 电力电容器的膨胀值不得超过20mm。

（　　）23. BB02 单机无功补偿装置检修时，检查三相电容值不平衡值超过5%时应更换。

（　　）24. BB02 直流系统绝缘电阻不得小于0.5MΩ。

（　　）25. BB02 二次交流回路内每一个电气连接回路的绝缘电阻不得小于0.5MΩ。

（　　）26. BB02 测量软启动器输入输出电缆的绝缘电阻值应大于10MΩ。

（　　）27. BB02 铅酸蓄电池活化充电过程中如温度超过45℃，必须采取措施或停止充电，或转换成浮充状态，以便使温度降下来。

（　　）28. BB02 蓄电池浮充状态容量低于额定容量的50%时，应增大浮充电流或进行活化和均衡充电。

（　　）29. BB02 检修后的变压器初送电时，应带载全电压冲击合闸3次。

（　　）30. BB03 检修后的变压器冲击合闸无问题后转入带载试运。

（　　）31. BB03 变压器检修后带载试运行时，应投入全部保护功能。

（　　）32. BB03 电动机检修后可不进行空载试运，直接进入带载试运阶段。

（　　）33. BB03 电动机带载试运期间应注意监视电动机轴承及定子的温升，运行电流应符合额定电流的要求，以及监视机体振动、声音和气味。

电气设备预防性试验管理部分

（　　）34. BC01 设备预防性试验前，试验人员首先要摆放试验设备，拆除设备电缆头，然后清扫设备卫生。

（　　）35. BC01 试验人员应提前打印上年试验报告用于记录试验数据，便于对比分析，试验完毕将试验报告整理为电子版。

（　　）36. BC01 每组试验至少由两人进行，试验过程中，工作负责人（监护人）必须始终在工作现场，对工作班人员的安全认真监护，及时纠正违反安全的动作。

（　　）37. BC02 耐压后的绝缘电阻比耐压前显著降低时，则绝缘有问题，甚至已击穿。

防雷防静电管理部分

（　　）38. BD01 正常维护检测时，发现接地电阻值出现较大偏差时，在无法找出表面原因时，应重新检查隐蔽工程。

三、简答题

第一部分 基础知识

基本概念与一般要求部分

1. AA01 对易发生静电事故的爆炸危险场所，应考虑哪些内容？

变电所管理部分

2. AB04 终止累计安全运行天数的电气事故有哪些？

第二部分 专业知识

电气设备运行与维护检修管理部分

3. BB01 简述变压器的重瓦斯保护动作跳闸故障处理？
4. BB01 简述变压器差动保护动作故障处理？
5. BB02 直流电源监控装置的检修项目包括哪些？
6. BB02 太阳能电源每一年进行的检修项目包括哪些？
7. BB02 UPS 电源的检修项目包括哪些？
8. BB03 简述电动机的空载试运行？
9. BB03 简述电动机的带载试运行？

电气设备预防性试验管理部分

10. BB02 电力设备预防性试验结果的综合分析包括哪几个方面？

高级资质理论认证试题答案

一、单项选择题答案

1. C	2. D	3. A	4. D	5. A	6. C	7. A	8. A	9. B	10. D
11. D	12. A	13. B	14. C	15. C	16. A	17. D	18. D	19. A	20. D
21. A	22. A	23. C	24. C	25. A	26. B	27. D	28. D	29. D	30. D
31. A	32. D	33. D	34. D	35. D	36. D	37. B	38. A	39. B	40. B

二、判断题答案

1. × 用隔离开关可以拉、合电压互感器和避雷器。 2. × 是第二类防雷建筑物。 3. × 站场控制室、机柜间不应设在建筑物的边缘，宜设在建筑物中心、底层部位，同时应避开建筑物防雷引下线。 4. √ 5. × 应定期核对微机继电保护装置的各相交流电流、电压、零序电流、差电流、外部开关量变位和时钟，并做好记录，核对周期不应超过一年。 6. √ 7. ×

微机继电保护装置的模块或插件出现异常时,应用备品备件更换,更换后应对整套保护装置进行必要的检验。 8.√ 9.√ 10.×若调度自动化装置运行异常并且短期内不能恢复时,变电所应恢复有人值班。

11.√ 12.√ 13.√ 14.×施工人员也应遵守变电所安全管理规定,应履行工作票手续,在作业中不准擅自变更安全措施。不准动用工作票所列范围以外的电气设备。 15.×电气闭锁装置应有相关图纸。 16.√ 17.√ 18.×承受过正常过负荷和事故过负荷运行的变压器,应提前进行大修。 19.√ 20.×新投入主变压器在投入运行后第5年应根据运行、检测及评价的结果确认是否大修。

21.√ 22.×电力电容器的膨胀值不得超过10mm。 23.√ 24.√ 25.√ 26.√ 27.√ 28.√ 29.×应在无载情况下全电压冲击合闸三次。 30.×冲击合闸无问题后,转入空载试运。

31.×在试运期间,应将重气体保护功能屏蔽。 32.×电动机检修后应先进行空载试运。 33.√ 34.×设备预防性试验前,试验人员首先要装设围栏,并悬挂警示标牌。 35.√ 36.√ 37.√ 38.√

三、简答题答案

1. AA01 对易发生静电事故的爆炸危险场所,应考虑哪些内容?

答:①配备能可靠发出报警并同时联动的自动检测控制仪表装置,如可燃气体自动报警、通风系统等;②配置消防器材或设施;③设置紧急联络通信设施;④采取通风等措施,减少可燃气体的积聚。

评分标准:答对①~④各占25%。

2. AB04 终止累计安全运行天数的电气事故有哪些?

答:①发生越级跳闸,造成电力系统事故;②发生人身重伤、死亡事故;③由于误操作造成全所停电,影响生产造成较大经济损失;④由于责任事故,主要电气设备(主变压器、断路器、变频调速装置、高压电动机等)严重损坏的事故。

评分标准:答对①~④各占25%。

3. BB01 简述变压器的重瓦斯保护动作跳闸故障处理?

答:①解除音响,复归控制把手,检查保护动作的情况并准确记录。②检查变压器受损情况,如温度、压力释放阀动作、瓦斯继电器受过剧烈振动、油色、油位、渗漏油现象。③检查保护动作前电压、电流及功率的波动情况。④检查瓦斯继电器中确有气体时应观察颜色及判断可燃性,取气样及油样做色谱分析,根据规定判断变压器的故障性质;若气体是无色、无臭且不可燃,色谱分析为空气时,经上级部门同意变压器可继续运行,并及时消除进气缺陷。若气体是可燃的或油中溶解气体分析结果异常,应综合判断确定变压器是否停运。⑤在查明原因前不得将变压器投入运行。

评分标准:答对④占40%。答对①~③⑤各占15%。

4. BB01 简述变压器差动保护动作故障处理?

答:①解除音响,复归报警信息;②检查保护动作的情况并准确记录;③检查变压器应无异常现象;④检查差动保护范围内的设备如电压、电流互感器、隔离开关、母线、瓷瓶、二次回路及元件等应无故障点;⑤检查中若未发现异常现象时,可请示调度,经同意可试送电一次。

评分标准：答对①~⑤各占20%。

5. BB02 直流电源监控装置的检修项目包括哪些？

答：①检查监控装置的参数设置；②检查监控装置的显示值和实测值是否一致；③检查、试验报警功能；④检查充电程序的功能转换是否良好。

评分标准：答对①~④各占25%。

6. BB02 太阳能电源每一年进行的检修项目包括哪些？

答：①检查确认控制器主菜单各单项参数的设置；②测量各个模块的实际输出电压；③检查模块负载均分特性；④控制器告警功能测试。

评分标准：答对①~④各占25%。

7. BB02 UPS 电源的检修项目包括哪些？

答：①测量电池的充电电压、充电电流，测量 UPS 三相输入、输出电压，测量 UPS 输出各项电流及当时负载情况；②将所有测量结果与面板上的参数进行比较，如实测值与计算值不符，应及时记录相关信息并联系维修；③将负载从 UPS 逆变器供电通道上切换到维修旁路，对 UPS 内部进行检查。

评分标准：答对①占40%，答对②③各占30%。

8. BB03 简述电动机的空载试运行？

答：①检查电动机本体及周围无杂物，螺栓紧固；②检查电动机各部位接地应良好；③测量电阻的绝缘电阻和吸收比应符合要求；④检查接线相序应符合负载旋转方向的要求；⑤电动机盘车720°灵活无卡滞；⑥电动机润滑油脂无变色变质现象，润滑油注入量应符合要求；⑦在空载情况下，将电动机投入运行，空载试运2h，在此期间应注意监视机体及轴承温升、电流变化、振动、声音和气味，确定磁场中心位置。

评分标准：答对①各占10%，答对②~⑦占15%。

9. BB03 简述电动机的带载试运行？

答：①测试电动机与泵的同轴度应符合相应机组的技术要求。②检查断路器应连接牢固。③带载盘车时电动机与泵转子均无卡涩。④拖动的机械无启动障碍；⑤电气、仪表检测参数和定值无误。⑥电动机带载试运24h。运行期间应注意监视电动机轴承及定子的温升，运行电流应符合额定电流的要求以及监视机体振动、声音和气味。

评分标准：答对①~⑤各占15%，答对⑥占25%。

10. BB02 电力设备预防性试验结果的综合分析包括哪几个方面？

答：①与设备历次（年）的试验结果相互比较。因为一般的电力设备都应定期地进行预防性试验，如果设备绝缘在运行过程中没有什么变化，则历次的试验结果都应当比较接近。如果有明显的差异，则说明绝缘可能有缺陷。②与同类型设备试验结果相互比较，因为对同一类型的设备而言，其绝缘结构相同，在相同的运行和气候条件下，其测试结果应大致相同，若悬殊很大，则说明绝缘可能有缺陷。③同一设备相间的试验结果相互比较。因为对同一设备，各相的绝缘情况应当基本一样，如果三相试验结果相互比较差异明显，则说明有异常的相绝缘可能有缺陷。④与《规程》的要求值比较。对有些试验项目，《规程》规定了要求值，若测量值超过要求值，应认真分析，查找原因，或再结合其他试验项目来查找缺陷；⑤结合被试设备的运行及检修等情况进行综合分析。

评分标准：答对①~⑤各占20%。

高级资质工作任务认证

高级资质工作任务认证要素细目表

模 块	代 码	工作任务	认证要点	认证形式
一、电气设备运行与维护检修管理	S-DQ-02-G01	电气设备运行、操作及故障处理	电气设备故障分析处理	步骤描述
	S-DQ-02-G02	电气设备检修计划的制定	电气设备检修工作方案审查修改	步骤描述
	S-DQ-02-G03	电气设备的检修	指导电气设备检修工作	步骤描述
	S-DQ-02-G04	电气设备检修后的试运和投用	组织设备投运异常处理	步骤描述
二、电气设备预防性试验管理	S-DQ-03-G01	电气设备预防性试验的准备工作与安排	电气设备检修工作方案审查修改	步骤描述
	S-DQ-03-G02	电气设备预防性试验	组织电气设备预防性试验工作	步骤描述
	S-DQ-03-G03	电气设备预防性试验结果分析评价	电气设备状态评价	步骤描述
	S-DQ-03-G04	电气设备预防性试验材料归档	电气预防性试验总结审核修改	步骤描述
三、防雷防静电管理	S-DQ-04-G01	防雷防静电装置检测	防雷防静电测试发现问题整改	步骤描述
	S-DQ-04-G02	雷击事件分析处理	组织雷击事件分析处理	步骤描述

高级资质工作任务认证试题

一、S-DQ-02-G01 电气设备运行、操作及故障处理——电气设备故障分析处理

1. 考核时间：30min。
2. 考核方式：方案编制。

3. 考核评分表。

考生姓名：_____   单位：_____

序号	工作步骤	工作标准	配分	评分标准	扣分	得分	考核结果
1	描述故障现象	①会通过综保系统查看报警信息；②准确、全面描述故障现象；③及时向上级领导汇报	30	①不会通过综保系统查看报警信息扣30分；②故障描述不准确、不全面扣10分；③未进行汇报扣10分			
2	故障原因分析	①根据故障现场分析可能产生故障的原因；②判断故障的严重程度	30	①未进行故障分析扣30分，故障分析不准确最高扣30分；②未判断故障的严重程度扣15分			
3	故障处理	①对能够自行处理的故障及时组织人员消除故障；②对不能够自行处理的故障及时初步处理并上报上级主管部门和站领导	30	①对能够自行处理的故障未及时组织人员消除故障扣15分；②对不能够自行处理的故障未及时初步处理并上报扣15分			
4	总结与经验分享	①对故障及其处理过程进行总结，制订风险控制措施，避免类似故障再次发生；②开展经验分享	10	①没对故障及其处理过程进行总结，制订风险控制措施，避免类似故障再次发生扣5分；②未开展经验分享扣5分			
		合计	100				

考评员   年   月   日

二、S-DQ-02-G02 电气设备检修计划的制订——电气设备检修工作方案审查修改

1. 考核时间：30min。
2. 考核方式：步骤描述。
3. 考核评分表。

电气工程师

考生姓名：_____　　　　　　　　　　　　　　　　单位：_____

序号	工作步骤	工作标准	配分	评分标准	扣分	得分	考核结果
1	核实确认设备检修信息的准确性，和检修的必要性	①核实确认设备本周期的运行情况；②分析设备存在的主要缺陷；③对本次检修的基本目的和要求进行审核确认	30	①~③每条各10分			
2	审核编制依据	对编制本方案所依据的相关标准、规范等技术文件进行审核，核实标准的有效性	10	未对依据进行审核，扣10分			
3	检修方案具体内容审核修改	审核检修项目的具体工作内容，对存在的问题进行修改完善	20	审核不全面扣10分，未进行修改完善扣10分			
4	核实主要工程量	根据工作内容确定具体工程量是否合理	10	未审核工程量的扣10分			
5	投资概算	审核工程量估算所需投资	10	未对投资概算进行审核扣10分			
6	检修进度	审核项目总体和各项工作的计划开工日期和计划完工日期的合理性	10	未对检修进度计划进行审核扣10分			
7	审核安全措施和应急处置程序	对工作方案编制的安全措施与应急处置程序进行审核，不足之处进行补充	10	未审核安全措施和应急处置程序扣10分			
		合计	100				

考评员　　　　　　　　　　　　　　　　　　　　　　　　　　年　　月　　日

三、S-DQ-02-G03 电气设备的检修——指导电气设备检修工作

1. 考核时限：30min。
2. 考核内容：步骤描述。
3. 技能项目评分表。

考生姓名：_____　　　　　　　　　　　　　　　　单位：_____

序号	工作步骤	工作标准	配分	评分标准	扣分	得分	考核结果
1	检查检修的组织机构是否合理	按照检修方案要求组织检修人员，包括：检修负责人、检修安全负责人、检修人员，明确岗位职责，如不合理进行调整	10	未对组织机构进行检查扣10分			

序号	工作步骤	工作标准	配分	评分标准	扣分	得分	考核结果
2	检修准备工作	①组织技术交底会；②认真核对所有设备与设计图纸是否一致；③认真检查所需工具及材料是否齐全；④对所检修的设备进行检查；⑤检查现场检修前期准备工作；⑥对检修主要技术要点进行指导	30	未全面检查检修准备情况的每缺一项扣5分			
3	检查落实检修安全措施	①检查确认安全措施齐全完备，检查技术措施和组织措施；②检修过程中认真执行《安规》要求，做好监护工作	40	未检查落实检修安全措施的扣40分			
4	指导检修实施	按检修计划，实施检修工作，对发现问题进行指导处理	20	未按要求指导检修实施的扣20分			
		合计	100				

考评员　　　　　　　　　　　　　　　　　　　　　　　　　　　年　　月　　日

四、S-DQ-02-G04 电气设备检修后的试运和投用——组织设备投运异常处理

1. 考核时限：30min。
2. 考核内容：步骤描述。
3. 技能项目评分表。

考生姓名：_____　　　　　　　　　　　　　单位：_____

序号	工作步骤	工作标准	配分	评分标准	扣分	得分	考核结果
1	核查故障信息	通过变电所综合自动化监控系统查询保护动作信息、故障录波信息、电压电流变化趋势图	20	未查询故障信息扣20分			
2	组织异常处理	根据故障现象和故障信息的分析判断情况，组织对异常现象的处理	40	不能按要求组织异常处理扣40分			
3	判断异常处理情况	异常处理完成后，判断确认故障已排除，组织设备恢复投运	40	未判断故障是否排除扣20分，未组织设备恢复投运扣20分			
		合计	100				

考评员　　　　　　　　　　　　　　　　　　　　　　　　　　　年　　月　　日

五、S-DQ-03-G01 电气设备预防性试验的准备工作与安排——电气设备检修工作方案审查修改

1. 考核时间：30min。
2. 考核方式：方案编制。
3. 考核评分表。

考生姓名：_____　　　　　　　　　　　　单位：_____

序号	工作步骤	工作标准	配分	评分标准	扣分	得分	考核结果
1	对检修工作方案进行审查	①方案结构是否完整；②方案中所列检修设备是否齐全；③检修时间安排是否合理；④检修工程量是否合理	40	①~④每条各10分			
2	对检修工作方案审查出的问题进行汇总上报	①对检修工作方案审查出的问题进行汇总；②对问题进行上报；③提出修改建议	30	①~③每条各10分			
3	配合分公司主管部门进行修改	配合分公司生产科对检修方案进行修改完善	30	未修改完善扣30分			
		合计	100				

考评员　　　　　　　　　　　　　　　　　　　　　　　年　　月　　日

六、S-DQ-03-G02 电气设备预防性试验——组织电气设备预防性试验工作

1. 考核时间：30min。
2. 考核方式：方案编制。
3. 考核评分表。

考生姓名：_____　　　　　　　　　　　　单位：_____

序号	工作步骤	工作标准	配分	评分标准	扣分	得分	考核结果
1	安全措施检查	检查确认安全措施是否齐全完备	5	未检查确认扣5分			
		填写作业安全分析跟踪评价表	5	未跟踪评价试验班人员安全分析表执行情况扣5分			
2	组织设备单机验收	①能按照《过程控制表》要求组织进行三方验收；②能指导参加验收的成员对重点设备验收；③汇总、审核验收结果	30	①未能按照《过程控制表》要求组织进行三方验收扣30分；②对应验收的设备和部位指示不清扣20分；③不能审核验收结果扣10分			

续表

序号	工作步骤	工作标准	配分	评分标准	扣分	得分	考核结果
3	组织进行整组验收	①能按照《过程控制表》要求组织进行三方验收；②指导值班员按整组验收要求操作；③汇总、审核验收结果	40	①未能按照《过程控制表》要求组织进行三方验收扣40分；②指导值班员按整组验收要求操作扣20分；③不能审核验收结果扣20分			
4	组织处理验收中发现的问题	①对发现的问题汇总；②安排相关人员及时处理发现的问题	20	①未汇总发现的问题扣10分；②未安排相关人员及时处理发现的问题扣10分			
		合计	100				

考评员　　　　　　　　　　　　　　　　　　　　　　　　　年　月　日

七、S-DQ-03-G03 电气设备预防性试验结果分析评价——电气设备状态评价

1. 考核时间：30min。
2. 考核方式：方案编制。
3. 考核评分表。

考生姓名：_____　　　　　　　　　　　　　　单位：_____

序号	工作步骤	工作标准	配分	评分标准	扣分	得分	考核结果
1	设备状态量的确认	根据设备结构特点，确认设备的主要状态量	20	未对设备状态量确认扣20分			
2	确认设备状态量的评价标准	明确各设备状态量的评价标准	20	未确定状态量评价标准扣20分			
3	设备影响程度判断	根据设备的电压等级和设备负荷等级确认设备的影响程度	20	未对设备影响程度判断扣20分			
4	确认风险等级	根据状态评价结果和设备影响程度确认设备的风险等级	20	未确认设备的风险等级扣20分			
5	确定设备维护检修策略	根据评价的风险等级确认设备维护检修策略	20	未指定设备维护检修策略扣20分			
		合计	100				

考评员　　　　　　　　　　　　　　　　　　　　　　　　　年　月　日

八、S-DQ-03-G04 电气设备预防性试验材料归档——电气预防性试验总结审核修改

1. 考核时间：30min。
2. 考核方式：方案编制。
3. 考核评分表。

考生姓名：_____ 单位：_____

序号	工作步骤	工作标准	配分	评分标准	扣分	得分	考核结果
1	电气预防性试验总结的审核	①审核总结内容的完整性；②审核总结内容的正确性；③审核总结模板、格式的正确性	60	①~③每项各20分			
2	电气预防性试验总结的修改	①对审核出的问题进行记录；②对审核出的问题进行修改	40	①②每项各20分			
		合计	100				

考评员 年 月 日

九、S-DQ-04-G01：防雷防静电装置检测——防雷防静电测试发现问题整改

1. 考核时间：30min。
2. 考核方式：方案编制。
3. 考核评分表。

考生姓名：_____ 单位：_____

序号	工作步骤	工作标准	配分	评分标准	扣分	得分	考核结果
1	对发现问题进行确认梳理	①对测试发现问题进行现场确认；②对问题进行汇总分类	20	①②每项10分			
2	委托有资质的单位进行整改	整改单位资质审核；	10	整改单位资质未审核扣10分			
3	准备整改工具及材料	①正确准备工具；②正确准备材料	20	①②每项10分			
4	对测试发现的问题进行整改	按照梳理确认的问题进行整改	20	未整改扣20分，整改不完整每项扣5分，扣完为止			
5	整改后的测试及验收	整改结束后重新进行测试验收	20	未进行测试验收扣20分，测试验收不完整每项扣5分，扣完为止			

续表

序号	工作步骤	工作标准	配分	评分标准	扣分	得分	考核结果
6	向整改单位索取整改报告	索取合规完整的整改报告	10	未索取报告扣10分			
		合计	100				

考评员　　　　　　　　　　　　　　　　　　　　　　　　　年　　月　　日

十、S-DQ-04-G01 雷击事件分析处理——组织雷击事件分析处理

1. 考核时间：30min。
2. 考核方式：方案编制。
3. 考核评分表。

考生姓名：_____　　　　　　　　　　　　　单位：_____

序号	工作步骤	工作标准	配分	评分标准	扣分	得分	考核结果
1	组织分析已收集的雷击事件材料	①将收集到的材料进行核实确认；②对雷击原因进行初步分析判断	20	①未对收集的材料进行核实确认扣10分；②未对雷击原因进行分析扣10分			
2	组织雷击事件分析	①对防雷系统现有的配置情况和防雷器件损失破坏情况进行分析，判断雷击原因；②对接地电阻测试情况进行确认，确认防雷接地系统是否良好	50	对防雷系统配置原因未分析扣25分；对接地电阻测试情况未确认扣25分			
3	组织雷击事件处理	根据分析出的雷击原因，补充完善防雷措施如增加SPD或补充接地装置，整改接地系统存在的问题	30	未根据分析原因采取措施扣30分，采取措施针对性不强扣10分			
		合计	100				

考评员　　　　　　　　　　　　　　　　　　　　　　　　　年　　月　　日

参 考 文 献

[1] Q/SY 1597—2013　油气管道变电所管理规范[S].
[2] Q/SY GD 1020—2014　油气管道电气设备预防性及检修试验手册[S].
[3] DL 408—1991　电业安全工作规程[S].
[4] Q/SY GD 1021—2014　油气管道电气设备维护检修手册[S].
[5] Q/SY GD 1024—2014　油气管道防雷防静电手册[S].
[6] Q/SY GD 1019—2014　油气管道电气设备运行手册[S].
[7] Q/SY GD 1085—2015　输油气管道设施锁定管理手册[S].
[8] GDGS/ZY 82.04-06—2010　临时用电管理规定[S].